AF327062

LEKKER
DELICIOUS

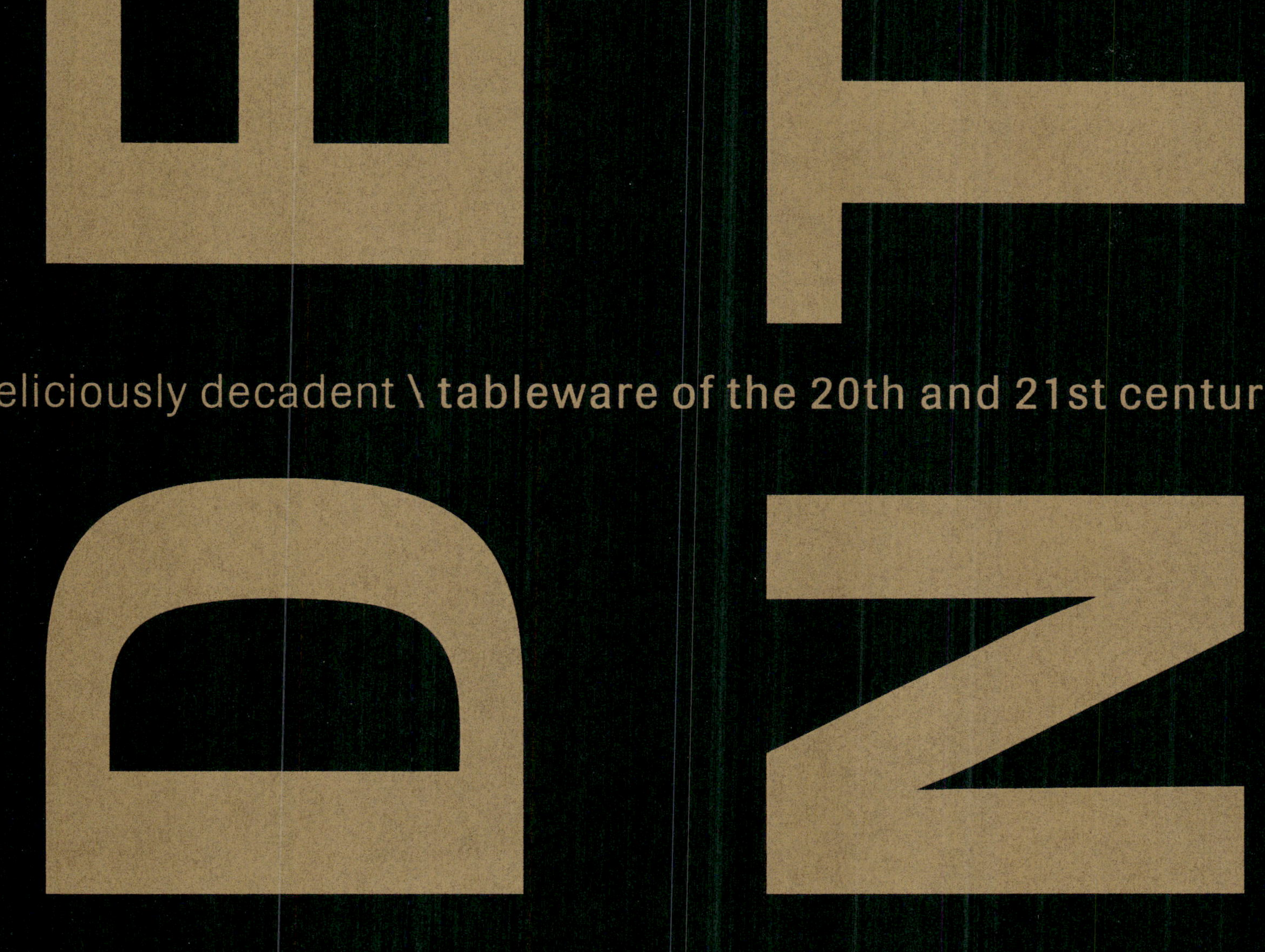

eliciously decadent \ tableware of the 20th and 21st centur
lekker decadent \ serviesgoed uit de 20ste en 21ste eeuw

# Foreword
## Cees van 't Veen

Cees van 't Veen is the Director of the
Princessehof Leeuwarden and the Fries Museum
in Leeuwarden.

Foreword
Cees van 't Veen

In its document entitled *Toekomstvisie 2010* (Vision for the Future, 2010) the Princessehof Leeuwarden revealed its plans for the next few years. They are ambitious and contemporary. The Museum wishes to draw attention to new developments and to make them intelligible to the general public. The so-called *Prins van Leeuwarden*, where young artists and designers present recent ceramic work at the invitation of the Museum, is a successful initiative. The Princessehof wishes to reinforce the prominent position it has already achieved with these solo exhibitions by placing current themes within ceramic art in a broader context. *Deliciously Decadent* is the first result of this new policy.

Decadence is a fascinating phenomenon, and decadence in a common item such as tableware probably evokes even more fascination. The theme lends itself *par excellence* to a literally scintillating presentation. Extravagance and theatricality guarantee visual spectacle but also simultaneously perplex us. They provide food for thought, yet force us to assume a standpoint.
The diversity in the manner in which artists experience and translate decadence in their work is striking. Some seek expression in excess or technical refinement, others articulate their thoughts in humour, criticism or aggression. Whatever the case, *Deliciously Decadent* makes it obvious that the old adage of 'form follows function' is no longer the only design criterion.
By highlighting this new vision on everyday user objects, the Princessehof wishes to stimulate the development of contemporary ceramic art and design.

The *Deliciously Decadent* exhibition could not have been realized without the effort of a great many people. We thank all the artists and designers, the teachers and (former) students of the Design Academy Eindhoven, those who have given works on loan, producers, authors, photographers, museum staff, external consultants and, last but not least, all the subsidizing instances and sponsors, for their enormous commitment and support.

# Woord vooraf
## Cees van 't Veen

Cees van 't Veen is directeur van het
Princessehof Leeuwarden en het Fries Museum
te Leeuwarden.

In de *Toekomstvisie 2010* ontvouwt het Princessehof Leeuwarden zijn plannen voor de komende jaren. Ze zijn ambitieus en eigentijds. Op het gebied van de hedendaagse keramiek wil het museum nieuwe ontwikkelingen signaleren en inzichtelijk maken voor een breed publiek. *De Prins van Leeuwarden*, waar jonge kunstenaars en ontwerpers op uitnodiging van het museum recent keramisch werk presenteren, is een succesvol initiatief. Het Princessehof wil de vooraanstaande positie die het met deze solo-exposities heeft verworven verder verstevigen door actuele onderwerpen binnen de keramische kunst in een bredere context te belichten. *Lekker Decadent* vormt het eerste resultaat van dit nieuwe beleid.

Decadentie is een fascinerend fenomeen, decadentie in zoiets alledaags als serviesgoed intrigeert wellicht nog meer. Het thema leent zich bij uitstek voor een letterlijk zinnenprikkelende presentatie. Extravagantie en theatraliteit garanderen een visueel spektakel, maar tegelijkertijd brengen ze ons in verwarring. Ze geven stof tot nadenken en dwingen ons een standpunt in te nemen.
Het is opvallend hoe uiteenlopend kunstenaars en ontwerpers decadentie ervaren en vertalen in hun werk. Sommigen zoeken het in overdaad of technische verfijning, anderen in humor, kritiek of agressie. *Lekker Decadent* maakt in elk geval duidelijk dat het adagium 'vorm volgt functie' niet langer het enige ontwerpcriterium is. Door deze nieuwe visie op het dagelijkse gebruiksvoorwerp voor het voetlicht te brengen, wil het Princessehof de ontwikkeling van de hedendaagse keramische kunst en vormgeving stimuleren.

*Lekker Decadent* had niet gerealiseerd kunnen worden zonder de inspanning van velen. Wij danken alle kunstenaars en vormgevers, de docenten en (oud-)studenten van de Design Academy Eindhoven, de bruikleengevers, producenten, auteurs, fotografen, museummedewerkers, externe adviseurs en niet in de laatste plaats alle subsidiegevers en sponsors voor hun enorme inzet en steun.

# Inhoud Contents

# Deliciously Decadent!
# Lekker Decadent!

## Ank Trumpie

Ank Trumpie is an art historian and the curator of
the modern and contemporary ceramics section
of the Princessehof Leeuwarden.

Ank Trumpie is kunsthistoricus en conservator
moderne en hedendaagse keramiek van het
Princessehof Leeuwarden.

How surprising, excessive, or decadent can tableware be?

Anyone currently browsing in tableware shops will find little that is, at first sight, truly innovative. There is a predomination of traditional forms and cautious decoration, although more austere, functional models also remain popular. Further investigation indicates, however, that tableware is certainly undergoing a process of evolution. An inclination toward luxury and decadence is clearly evident at international trade fairs, where terms like *Purer Genuss*, *Geschenke mit Überraschung*, *Berühmt*, *Zeitlose Werte*, *Majestätisch*, *Extravagant*, *Lust auf Luxus*, *L'élégance se fait Porcelaine*, *Party time*, *Plain Ivory*, *Celestial Platinum*, *Marcasite*, *Mythology*, *Escape*, *Volare*, etcetera abound. With these lyrical expressions we are massaged and seduced into buying exceptional and expensive tableware.

There are services colourfully printed with wildlife from the African jungle or with a detailed image of the human skeleton, or perhaps covered with garish lustre glazing or coated with precious stones, pearls, and rock crystals. There is certainly tableware to meet all requirements: for the owner of a million-euro yacht there is a service with sturdy white ropes and gold-rimmed steering wheels, for the golfer there are golfball sugar bowls, equipped with a lock, which can hardly accommodate two lumps. For the romantics, there are starry skies with breath-taking moonshine, and for those who prefer more traditional styles, there are motifs from classical antiquity or the Renaissance. Never before was the assortment of striking and exuberant decorations so imposing. If one wishes something quite different to the customary cream-coloured service, that can certainly be arranged. In view of the fact that the consumer frequently wishes to

Hoe verrassend, overdadig of decadent kan een servies zijn?

Wie zich oriënteert in de serviezenwinkels van vandaag zal op het eerste gezicht weinig vernieuwends signaleren. Serviezen met traditionele vormen en afgemeten decors voeren er nog altijd de boventoon en ook de strakke functionele modellen blijven populair. Maar wie verder kijkt, komt tot de ontdekking dat het serviesgoed wel degelijk in beweging is. Op de internationale vakbeurzen is een opvallende hang naar luxe en decadentie merkbaar. *Purer Genuss, Geschenke mit Überraschung, Berühmt, Zeitlose Werte, Majestätisch, Extravagant, Lust auf Luxus, L'élégance se fait Porcelaine, Party time, Plain Ivory, Celestial Platinum, Marcasite, Mythologie, Escape, Volare…* met deze lyrische bewoordingen worden we lekker gemaakt en verleid tot het kopen van een bijzonder en kostbaar servies.

Er zijn serviezen, bont bedrukt met wildlifeprints uit de jungle van Afrika of met gedetailleerde afbeeldingen van het menselijk skelet. Bedekt met knallende lusterglazuren of beplakt met edelstenen, parels en bergkristallen. Voor elk individu bestaat wel een servies: voor de eigenaar van een miljoenenjacht is er een met robuuste witte touwen en goudgerande sturen, voor de golfspeler zijn er 'golfbal'-suikerpotten, voorzien van slot, waarin ternauwernood twee suikerklontjes passen. Voor de romantici zijn er sterrenhemels met adembenemend maanlicht en wie van stijlvol houdt kiest voor een motief uit de klassieke oudheid of renaissance. Nooit eerder was het aanbod van opvallende en uitbundige decors zo groot. Als men iets anders wil dan het standaard crèmekleurige servies, dan moet dat er ook duidelijk aan af te zien zijn. De consument wil zich onderscheiden

express his or her personality, there is certainly a market for exceptional tableware.

Many people appear to have a preference for a 'deliciously decadent' dinner service – with the accent on 'deliciously' because this word modifies any wild outbursts, and excuses anyone who tends to let himself or herself go. Surrendering to decadence, at least temporarily, is becoming increasingly popular. To give an impression: you book an expensive arrangement now and again to Tokyo or New York, visit a party where a chocolate-confetti gown is the dress code, indulge in dozens of virtual love affairs on the Internet, buy a Swarovski thong for your youthful grandmother, relish in the muscular negroes draped in fur and gold on MTV, are not averse to a heavy SM session, and take a few pills if you're not feeling quite up to scratch. This kind of decadence is allied to luxury. It is embraced by glossy lifestyle magazines, the flourishing gastronomic culture, top fashion designers, and erotic TV stations. At the same time, decadence is also currently approached with a pinch of salt: the more the imitation glitters, the more amusing and thus the more admissible it is. We find a dinner service extra attractive if it is not only useable but also furnishes a luxurious narrative with an apologetic signal. Crockery of the finest porcelain, which articulates the language of the wealthy and simultaneously spreads a qualifying humour, complies perfectly with the lifestyle of the modern and fashion-sensitive consumer.

These luxury dinner services are placed on the market by renowned manufacturers such as Rosenthal, Bernardaud, Christofle, Manufacture La Reine, Porcelaine de Paris, Porcelaines d'Art du Cruou, Villeroy & Boch, and Wedgwood. The designs are created by famous (fashion)

designers such as Roberto Cavalli, Jasper Conran, Christian Lacroix, Paloma Picasso and Gianni Versace, while jeweller's companies such as Bulgari and Hermès have also entered the domain of extravagant tableware.

Just how decadent is this industrially produced tableware? Closer examination shows that the decadence is almost exclusively restricted to the decoration, whereas the form tends to remain as functional as possible. This is understandable from a production-technological point of view, and most users will also have a preference for a practical design. But the consequence of this prevailing dogma of functionality is that a general impoverishment and superficiality have made their entrance into the form language of tableware. Nevertheless, there are dinner services in which the design particularly manifests itself, as this exhibition demonstrates. They have been made by visual artists, albeit on a small scale. These artists tend to explore the existing boundaries more intensively than the ceramics industry itself, and are not afraid to transgress these limits. Most of the objects thus produced are conceptual designs, prototypes, and unique items.

To the Princessehof, both of these developments – the decoration-oriented inclination toward decadence within the ceramics industry and the quest for new paths for modern artists – formed the impulse for the *Deliciously Decadent* exhibition. With this exhibition and publication, the Museum disputes the negative association that adheres to decadence, certainly in the Netherlands. This applies to decadence in general but also to tableware in particular, although history has taught us that tableware is extremely suitable as a bearer of luxury. The ceramics industry of the twenty-first century has an urgent need of co-operation

van anderen. Er is kortom een markt voor uitzonderlijke serviezen.

Veel mensen blijken een voorkeur te hebben voor een 'lekker decadent' servies. Met het accent op 'lekker', want dit woord relativeert al te wilde uitspattingen en excuseert degene die zich al te graag laat gaan. Het is de trend om je slechts kortstondig over te geven aan decadentie. Om een impressie te geven: je boekt zo nu en dan een buitensporig duur arrangement in Tokio of New York, bezoekt een feestnacht waarbij een hagelslagjurk de dress-code is, doet jezelf op internet te goed aan tientallen virtuele liefdes, koopt een Swarovski-string voor je jeugdige oma, geniet op MTV van gespierde negers die omhangen zijn met bontjassen en blinkend goud, haalt je neus niet op voor een heftige SM-voorstelling en neemt wat pillen als het even wat minder gaat. Dit soort decadentie brengt 'luxe', zij wordt omarmd door de glossy lifestylebladen, de bloeiende kook- en tafel-cultuur, de mode-koningen en de erotische tv-zenders. Tegelijkertijd wordt decadent e anno 2004 met humor benaderd: hoe meer de nep glinstert, des te amusanter en des te meer geoorloofd is het. We vinden een servies extra aantrekkelijk als het niet alleen bruikbaar is, maar ook een luxueus verhaal vertelt met een verontschuldigende knipoog. Serviesgoed van het fijnste porselein, dat de taal van de rijken spreekt en tegelijk relativerende humor uitdraagt, sluit perfect aan bij de lifestyle van de moderne en trendgevoelige consument.

Gerenommeerde fabrieken als Rosenthal, Bernardaud, Christofle, Manufacture La Reine, Porcelaine de Paris, Porcelaines d'Art du Cruou, Villeroy & Boch en Wedgwood brengen deze luxeserviezen op de markt. De ontwerpen staan op naam van beroemde (mode)ontwerpers als Roberto Cavalli, Jasper Conran, Christian Lacroix, Paloma Picasso en Gianni Versace, terwijl ook juweliershuizen als Bulgari en Hermès zich op het terrein van het extravagante serviesgoed begeven.

Hoe decadent zijn deze industrieel geproduceerde serviezen eigenlijk? Bij nader inzien blijkt dat de decadentie zich vrijwel uitsluitend beperkt tot de decors, de vormen blijven zo functioneel mogelijk. Vanuit productietechnisch oogpunt is dat begrijpelijk en ook de meeste gebruikers zullen een voorkeur hebben voor een praktische vormgeving. Maar het gevolg van dit heersende dogma van functionaliteit is wel dat er een algemene verarming en vervlakking in de vormentaal van serviesgoed is opgetreden.

Niettemin zijn er serviezen waarin decadentie zich óók of juist in de vormgeving manifesteert. Ze worden, op kleine schaal, gemaakt door beeldend kunstenaars. Deze verkennen veel intensiever dan de keramische industrie de grenzen van het bestaan en durven die ook te overschrijden. Meestal gaat het om conceptuele ontwerpen, prototypen en unica.

Deze beide ontwikkelingen – enerzijds de puur op decoratie gerichte decadente tendens binnen de keramische industrie, anderzijds die van het zoeken naar nieuwe wegen door hedendaagse kunstenaars – vormden voor het Princessehof de aanleiding tot het maken van *Lekker Decadent*. Met deze tentoonstelling en publicatie stelt het museum de negatieve associatie aan de orde die, zeker in Nederland, aan decadentie kleeft. Aan decadentie in het algemeen, maar vooral ook aan decadentie in serviesgoed. Terwijl we uit het verleden weten dat serviezen juist bijzonder geschikt zijn als drager van luxe. De keramische industrie van de eenentwintigste eeuw heeft behoefte aan samenwerking met hedendaagse kunstenaars

with modern artists and designers in order to
generate innovative products. The Princessehof
wishes to demonstrate that decadence can
serve as a source of inspiration and can lead
to exciting and original results.

*Deliciously Decadent* is also a rationalized plea
for retaining and developing refined ceramic
techniques. Within the ceramics profession, the
creation of a dinner service is regarded as one
of the most complicated production processes.
The development of a new dinner service costs
a great deal of time and money. A search has to
be performed to find an attractive and usable
form, with equilibrium in all its components,
coupled with a fascinating composition in the
decoration. The material must be able to with-
stand the daily assaults of the microwave and
the dishwasher. It will be self-evident that the
production of a luxurious or decadent service
is even more difficult. Special techniques are
required to realize the complex grooving and
casting moulds, dramatic glazing, or extremely
fine decorations. Only the producer knows the
heartache of countless misfires.

The number of visual artists interested
in ceramics is increasing but, unfortunately,
the number of ceramics specialists who could
assist these artists with technical matters is
actually decreasing. Cutbacks in art education
are leading to the disappearance of expertise
and facilities. In the process, the art form
is being severely damaged. We can already
observe that interesting ideas in the art
colleges are not maturing into professional
products due to a shortage of technical
know-how and skills. How can we ensure that
knowledge about casting, constructing, firing,
compiling the glazes can be retained; can we
enable it to evolve?

Museums, art academies and ceramic
companies will have to make extra effort in the
future to hold the interest of the artist,
designer, and ceramist. These institutions can
play a major role in ensuring access to and
the dissemination of the technical expertise
currently under threat of extinction. It is also
the task of museums to inform the public about
the complexity of the ceramics production
processes and about the skills required to
make a good product. The art academies
ought to take the profession seriously, while
companies could offer more possibilities to
young talent and could take more financial risks.

Dutch designers and visual artists created new
work especially for the *Deliciously Decadent*
exhibition. They deliberated on the significance
of decadence, and on its application in form,
decoration and function. The results vary from
young-and-experimental objects to mature
art creations. In order to be able to present the
latest innovative Dutch designs, the Design
Academy in Eindhoven was specifically
approached for the exhibition. It demonstrated
great interest in introducing the phenomenon
of decadence into its curriculum and in making
a representative contribution.

The works have scarcely been influenced by
the economic and production-technological
restrictions of the ceramics industry. An adjust-
ment of the designs to allow perfectly finished
industrial products could be the next step.
Many works on loan from international artists
have come from the United States, where
decadent ceramics have been esteemed for
much longer than in the Netherlands.

The tableware selected for the *Deliciously
Decadent* exhibition expresses various notions
of decadence. This applies to the industrial
designs as well as to the unique items and the
prototypes. The designs appear to be derived
from six denominations of decadence –

en vormgevers om tot vernieuwende producten te komen. Het Princessehof wil laten zien dat decadentie als inspiratiebron kan dienen en tot spannende en originele resultaten kan leiden.

*Lekker Decadent* is ook een weloverwogen pleidooi voor het behouden en ontwikkelen van veredelde keramische technieken. Binnen het keramische vak wordt het maken van een servies als een van de meest gecompliceerde productieprocessen beschouwd. De ontwikkeling van een nieuw servies kost veel tijd en geld. Er moet worden gezocht naar een mooie én bruikbare vorm, naar een evenwichtigheid in alle onderdelen, naar een boeiend spel in de decoratie. Het materiaal moet bestand zijn tegen het dagelijkse geweld van de magnetron en de afwasmachine. De productie van een luxueus of decadent servies is vanzelfsprekend nog moeilijker. Voor het realiseren van ingewikkelde pers- en gietmallen, spectaculaire glazuren of uiterst verfijnde decoraties zijn speciale technieken nodig. Alleen de producent kent de zorgen van de talloze misbaksels.

Het aantal beeldend kunstenaars met belangstelling voor keramiek groeit, maar de keramische specialisten die deze kunstenaars in technische zin kunnen helpen, neemt in aantal juist af. De bezuinigingen in het kunstonderwijs leiden tot het verdwijnen van kennis en faciliteiten. Zo wordt een kunstvorm beschadigd. Nu al zien we op de academies dat interessante ideeën door een gebrek aan technische know-how en vaardigheden geen professionele producten opleveren. Hoe zorgen we ervoor dat de kennis over het gieten, opbouwen, stoken, samenstellen van de glazuren bewaard blijft en zich verder kan ontwikkelen?

Musea, academies en keramische bedrijven zullen zich in de toekomst extra moeten inspannen om de kunstenaar, vormgever en keramist te blijven interesseren. Ze kunnen een belangrijke rol spelen in het ontsluiten en verspreiden van de technische kennis die verloren dreigt te gaan. Het is ook de taak van musea om het publiek te informeren over de complexiteit van het keramische bedrijf en de kennis die nodig is om een goed product te maken. De kunstacademies zullen het vak van keramist serieus moeten nemen, terwijl bedrijven meer mogelijkheden zouden kunnen bieden aan jong talent en wat meer financiële risico's zouden kunnen nemen.

Nederlandse vormgevers en beeldend kunstenaars hebben speciaal voor *Lekker Decadent* nieuw werk gemaakt. Zij hebben nagedacht over de betekenis van decadentie voor serviesgoed en over de toepassing ervan in vorm, decoratie en functie. De resultaten variëren van jong en experimenteel tot volwassen. Om de jongste vernieuwende Nederlandse ontwerpen te kunnen laten zien is de Design Academy in Eindhoven benaderd, waar grote interesse bleek te zijn om het verschijnsel decadentie in het lesprogramma op te nemen en een bijdrage aan de expositie te leveren.

Het werk is nauwelijks beïnvloed door de economische en productietechnische restricties van de keramische industrie. De aanpassing van de ontwerpen tot perfect afgewerkt industriële producten zou een volgende stap kunnen zijn. Veel bruiklenen van internationale kunstenaars zijn afkomstig uit de Verenigde Staten, waar decadente keramiek al veel langer dan in Nederland wordt gewaardeerd.

Uit het voor *Lekker Decadent* geselecteerde serviesgoed komen verschillende opvattingen over decadentie naar voren. Dat geldt zowel voor de industriële ontwerpen als de unica en prototypen. De ontwerpen blijken tot een zestal uitingsvormen van decadentie herleid

immoderate, conceptual, critical, macabre, subtle, and extreme. Many objects display a combination of these, increasing their powers of eloquence.

In the exhibition, the objects are laid out as exceptional *objets trouvés*, on gigantic heaps of porcelain and glass shards. On the one hand, these mounds refer to degeneration, to the round, heavy bellies protruding from our consumer society. On the other hand, they refer to the piles of money of Uncle Scrooge McDuck, and to the elation experienced when one accidentally discovers a treasure.

In this publication, decadence in general and decadence in ceramic design are considered from psychological, social, philosophical and art-historical points of view. The production-technological aspects of luxury tableware are also covered. People who are professionally connected to the gastronomic culture provide their vision on decadent tableware, and inform us of the criteria it ought to meet. But the leading role is reserved for the objects themselves, of which more than forty represen-tative examples have been chosen from the assortment available. They have been ordered according to the six previously-mentioned denominations.

*Deliciously Decadent* demonstrates that table-ware can reflect all aspects of human existence. Experiences, emotions and fantasies can be translated into distinctly personal designs that bring colour to our everyday lives. In this way, tableware can be surprising, extravagant, or decadent.

te kunnen worden: overdadig, conceptueel, kritisch, macaber, subtiel en extreem. Veel objecten tonen een combinatie van deze benaderingen, waardoor hun zeggingskracht nog groter wordt.

Op de tentoonstelling zijn de objecten uitgestald als bijzondere 'gevonden voorwerpen', op gigantische afvalbergen van scherven porselein en glas. Deze bergen verwijzen ener-zijds naar verval, naar de ronde, vette buiken als gevolg van onze consumptiemaatschappij, anderzijds naar de geldbergen van oom Dagobert en het geluksgevoel dat je krijgt bij een toevallig ontdekte schat.

In deze publicatie worden decadentie in het algemeen en decadentie in keramisch design vanuit psychologische, maatschappelijke, filosofische en kunsthistorische invalshoeken belicht. Ook de productietechnische aspecten van luxueus serviesgoed komen aan bod. Mensen die beroepshalve met de eet- en tafel-cultuur te maken hebben, geven hun visie op het decadente servies en vertellen ons aan welke eisen het in hun ogen moet voldoen. Maar de glansrol is weggelegd voor de objecten zelf, waarvan uit het grote aanbod ruim veertig representatieve voorbeelden zijn opgenomen, gerangschikt naar de zes eerdergenoemde uitingsvormen van decadentie.

*Lekker Decadent* laat zien dat een servies alle aspecten kan weerspiegelen van het menselijke bestaan. Ervaringen, emoties en fantasieën kunnen worden vertaald in eigenzinnige ontwerpen die kleur geven aan ons dagelijks leven. En zo kan een servies verrassend, overdadig of decadent worden.

IMMODERATE
OVERDADIG

They glare, blare and wallow in excess – dinner services that transgress the boundaries of decency, that cherish extravagance and excess. Decadence is directly translated as a surplus of decoration. *Lust auf Luxus!* Although luxury may not bring happiness, it can at least offer a substantial dose of consolation and a sense of success. It is a plea for avarice. Dull clay is transformed into sexy material, the colours attract and arouse, the glazes look wetter than wet. There are imitations of crocodile skin, precious stones, gold and jewels, references to renowned quality brands. All this in porcelain and preferably *plenty of it*!

### 19  Cindy Sherman

Glen Ridge, New Jersey, USA, 1954

*Madame de Pompadour*, 1990, 21-piece tea service and soup tureen, porcelain, hand-painted with transfers, tureen h. 36 cm, w. 55 cm, 75 copies of the service, 25 copies of the tureen, courtesy of Artes Magnus, New York

This Limoges service has been fashioned according to the design of the original service that Madame de Pompadour commissioned from the Manufacture Royale de Sèvres in 1756. Sherman has portrayed herself as Madame de Pompadour via a complicated technique of transfers, in which no fewer than sixteen photographic silk-screen prints were used. The daydreaming woman is often the central theme in the work of this photographer.

### 20  Adrian Saxe

Glendale, California, USA, 1943

untitled (*Chou*), 1991, porcelain, gold glaze, fossil, rhinestones, plastic, h. 25 cm, w. 20.5 cm, courtesy of Garth Clark and Mark Del Vecchio Collection, New York

Saxe is a master of the finest details of ceramic work; decoration and technique become content. The artist is inspired by court porcelain, Chinese bronzes, and American pop culture. Seductive glazes and elegant lines are animated by a solid dose of humour, and art-historical and post-modern references.

### 21  Victoria Mitrichenka

Minsk, Russia, 1972

*Hello Honey!*, 2003, porcelain cups with transfers, dish of fire-clay, cups Ø 7-12 cm, dish 64.5 x 38.5 cm

The lavish shard cups are based on the cups that belonged to Mitrichenka's Russian grand-mother. When a cup was broken, she stuck a potsherd from an even older item onto the fracture, exercising much patience and affection in the process. The over-print of a love letter gives the cups a more personal tint.

### 22  Esther Derkx

Roermond, the Netherlands, 1968

*Vernieuwd! Serviesgoed (Renewed! Tableware)*, 1999-2003, porcelain with photographic screen print, plate Ø 25 cm, cups Ø 6-10 cm

Cups from the second-hand shop are given new vitality when Derkx adds refreshing screen-prints to the existing decoration. She allows the bodies of dancers, bodybuilders, and athletes to react to the motifs of yesteryear.

### 24  Joan Takayama Ogawa

Pasadena, California, USA, 1955

two teapots, above: *Tortoise Shell Tea Bag # 1*, 2002, glazed earthenware, h. 35 cm, w. 42.5 cm, below: *My Doctor's Medicine Teabag*, 2002, glazed earthenware, h. 25 cm, w. 35 cm

Takayama Ogawa uses the handbag to research matters such as beauty, social status, privacy, seduction, hidden as well as ostentatious luxury. *My Doctor's Medicine Teabag* refers both to the therapeutic powers of tea and to all varieties of female tricks.

### 25  Norman Trapman

Amsterdam, 1951

*Bord met paard, (Plate with horse)*, 2004, thrown fire-clay, Ø 47 cm

The artist reacts to Adolf Loos's proposition that the evolution of culture is synonymous with the removal of ornament. Trapman finds that this idea cannot explain the feeling of jealousy he feels when he discovers a piece of porcelain with 'reproachable' decoration at a junk market. That was something he would have liked to have made! He is delighted and proud with his success in creating this kind of plate with an impressive equine decoration.

### 26  Susan Beiner

Newark, New Jersey, USA, 1962

two teapots, above: *Fruitful Screw*, 2002, glazed porcelain, h. 21.5 cm, w. 25 cm, below: *Trilogy*, 2001, glazed porcelain, h. 15 cm, w. 25 cm

To Beiner, decoration is a symbol of cosmic energy. The contours of the teapot have been buried under a pile of fruit.

Het knalt, glimt en overvoert. Serviezen die de grenzen van het betamelijke te buiten gaan, de koestering van verkwisting en overmatigheid. Decadentie eenvoudigweg vertaald als een overdaad aan decoratie. *Lust auf Luxus!* Luxe brengt geen geluk, op zijn minst een flinke dosis troost en gevoel van succes. Pleidooi voor de hebzucht. Grauwe klei is getransformeerd tot sexy materie, kleuren lonken en verwarmen, glazuren ogen natter dan nat. Imitaties van krokodillenleer, edelstenen, goud en juwelen, verwijzingen naar de bekende kwaliteitsmerken. Dit alles in keramiek en liefst *veel, lekker veel!*

**19  Cindy Sherman**

Glen Ridge, New Jersey, Verenigde Staten, 1954

*Madame de Pompadour*, 1990, 21-delig theeservies en soepterrine, porselein, handbeschilderd en transfers, terrine h. 36 cm, br. 55 cm, oplage servies 75, oplage terrine 25, courtesy Artes Magnus, New York

Dit Limoges servies is gemaakt naar het originele serviesontwerp waarvoor Madame de Pompadour in 1756 opdracht gaf aan de Manufacture Royale de Sèvres. Sherman heeft zichzelf afgebeeld als Madame de Pompadour via een gecompliceerd procédé van transfers, waarbij maar liefst zestien fotozijdedrukken zijn gebruikt. In het werk van deze fotografe staat de vrouw vaak op dromerige wijze centraal.

**20  Adrian Saxe**

Glendale, California, Verenigde Staten, 1943

zonder titel (*Chou*), 1991, porselein, goudglazuur, fossiel, bergkristallen, plastic, h. 25 cm, br. 20,5 cm, courtesy Garth Clark en Mark Del Vecchio Collection, New York

Saxe beheerst het keramische vak tot in het perfecte; decoratie en techniek worden inhoud. De kunstenaar laat zich inspireren door het hofporselein, Chinese bronzen en de Amerikaanse popcultuur. Verleidelijke glazuren en elegante lijnen worden verlevendigd met een flinke dosis humor, kunsthistorische en postmodernistische verwijzingen.

**21  Victoria Mitrichenka**

Minsk, Rusland, 1972

*Hello Honey!*, 2003, kopjes porselein met transfers, schaal chamotteklei, kopjes Ø 7-12 cm, schaal 64,5 x 38,5 cm

De royale schervenkoppen zijn gebaseerd op de kopjes van Mitrichenka's Russische grootmoeder. Als een kopje gebroken was, plakte zij met veel liefde en geduld een scherf van een nog ouder exemplaar in de breuklijn. De opdruk van een liefdesbrief maakt de kopjes nog persoonlijker.

**22  Esther Derkx**

Roermond, Nederland, 1968

*Vernieuwd! Serviesgoed*, 1999-2003, porselein met fotografische zeefdruk, bord Ø 25 cm, kopjes Ø 6-10 cm

Kopjes uit de kringloopwinkel krijgen een nieuw leven doordat Derkx aan de bestaande decoratie frisse zeefdrukken toevoegt. Lichamen van dansers, bodybuilders en atleten laat zij reageren op de motieven van weleer.

**24  Joan Takayama Ogawa**

Pasadena, California, Verenigde Staten, 1955

twee theepotten, boven: *Tortoise Shell Tea Bag # 1*, 2002, geglazuurd aardewerk, h. 35 cm, br. 42,5 cm, onder: *My Doctor's Medicine Teabag*, 2002, geglazuurd aardewerk, h. 25 cm, br. 35 cm

Takayama Ogawa gebruikt de handtas om zaken als schoonheid, sociale status, privacy, verleiding, verborgen en tentoongespreide luxe te onderzoeken. *My Doctor's Medicine Teabag* verwijst zowel naar de geneeskrachtige eigenschappen van thee als naar allerlei vrouwelijke trucjes.

**25  Norman Trapman**

Amsterdam, 1951

*Bord met paard, 2004*, gedraaide chamotte, Ø 47 cm

De kunstenaar reageert op Adolf Loos' stelling dat evolutie van cultuur synoniem is met het verwijderen van ornament. Vanuit deze gedachte kan Trapman niet het gevoel van jaloezie verklaren, wanneer hij op een rommelmarkt een stuk keramiek met een 'foute' decoratie vindt. Dat had hij willen maken! Hij is gelukkig en trots als het hem lukt om een soortgelijk bord met een indrukwekkend paard te maken.

**26  Susan Beiner**

Newark, New Jersey, Verenigde Staten, 1962

twee theepotten, boven: *Fruitful Screw*, 2002, geglazuurd porselein, h. 21,5 cm, br. 25 cm, onder: *Trilogy*, 2001, geglazuurd porselein, h. 15 cm, br. 25 cm

Voor Beiner staat decoratie symbool voor de kosmische energie. De contouren van de theepot zijn onder een lading vruchten bedolven.

# On Decadent Inclinations
# Over de hang naar decadentie

Frans de Jonghe

Frans de Jonghe is a psychiatrist and psycho-analyst.

Frans de Jonghe is psychiater en psychoanalyticus.

1  J. Polak, *Bloei der decadence*, Amsterdam 1991, p. 92.
2  Idem, pp. 10 and 178.
3  Idem, p. 61.
4  In writing this article, the following literature was consulted: J. Christian, *Symbolists and Decadents*, London 1977; A. de Liedekerke, *Talon rouge. Barbey d'Aurevilly, le dandy absolu*, Paris 1986; J. Pierre, *L'univers symboliste. Décadence, symbolisme et art nouveau*, 1991; J. Polak, *Bloei der decadence*, Amsterdam 1991.

1  J. Polak, *Bloei der decadence*, Amsterdam 1991, p. 92.
2  Idem, pp. 10 en 178.
3  Idem, p. 61.
4  Voor dit artikel is de volgende literatuur geraadpleegd: J. Christian, *Symbolists and Decadents*, Londen 1977; A. de Liedekerke, *Talon rouge. Barbey d'Aurevilly, le dandy absolu*, Parijs 1986; J. Pierre, *L'univers symboliste. Décadence, symbolisme et art nouveau*, 1991; J. Polak, *Bloei der decadence*, Amsterdam 1991.

It is said that Cleopatra used to begin the day by bathing in ass's milk. No one goes to such lengths any more, although some people do still treat themselves to a champagne-filled Jacuzzi. Others prefer helicopter skiing, attended by a butler bearing champagne and crystal glasses, skiing alongside. Some favour a yacht with golden doorknobs and staff who are more or less unemployed for most of the year, with the exception of the chef de cuisine. More simple options include a weekend at a beauty farm, accompanied by a poodle trimmed and blow-dried in the animals' beauty salon and pertly dressed in an *haute-couture* jacket matching his mistress's handbag. A birthday party with a performance by Barbara Streisand can also be rather amenable, or a children's party with genuine circus artists and a big top in the garden. Another easy option is a weekend shopping visit to New York.

Some people regard the above-mentioned examples as unequivocally decadent, others hold the opposite opinion. It might appear that a great deal of money is necessary in order to be decadent, but there are also people who view a hot bath or a sweet pastry on Sunday morning as an extravagance.

The words 'decadent' and 'decadence' belong to everyday language. Nevertheless, they are not easy to define. In h s *Bloei der decadence* (Bloom of decadence), 1991, Johan Polak warned: 'It is important to be careful when using the term "decadent": it only exists by the grace of a particular standpoint: decadence itself is extremely difficult to outline and to delimit by means of data, since everyone views the matter differently, although there does seem to be some kind of tentative *communis opinio*, certainly where it involves literature and painting.'[1]

Het verhaal gaat dat Cleopatra haar dag begon in een bad gevuld met ezelinnenmelk. Dat doet niemand meer, maar sommige mensen willen nog wel eens een champagne-bad nemen. Anderen zien meer in helikopterski met een butler die mee skiet met champagne en kristallen glazen in zijn rugzak. Een enkeling verkiest een jacht met gouden deurknoppen en een vrijwel het gehele jaar door werkeloze bemanning, op de kok na. Het kan ook een-voudiger met een weekend op een beauty-farm samen met de in de beautysalon voor dieren gekapte en geföhnde poedel die er parmantig bij loopt in zijn haute couture jasje van dezelfde stof als die van het tasje van mevrouw. Een verjaardagsfeestje met optreden van Barbara Streisand is ook leuk, of een kinderfeestje met een heuse circustent inclusief artiesten in de tuin. Wat ook altijd nog kan, is gewoon een weekendje shoppen in New York.

Sommigen beschouwen deze voorbeelden zonder meer als decadent, anderen vinden dat helemaal niet. Het lijkt wel of veel geld nood-zakelijk is om decadent te kunnen zijn, maar er zijn ook mensen die alleen al het nemen van een warm bad of het eten van een gebakje op zondagochtend decadent noemen.

De woorden decadent en decadentie behoren tot het dagelijkse taalgebruik. Ze zijn echter niet zo gemakkelijk te omschrijven. In zijn *Bloei der decadence* (1991) waarschuwt Johan Polak: 'Het is zaak zorgvuldig met de term "decadent" om te springen: deze bestaat eigenlijk slechts bij de gratie van een gezichtspunt: de *déca-dence* valt bezwaarlijk strak te omlijnen en met data af te grenzen, daar iedereen weer iets anders meent te zien, als heerst er zoiets als een schuchtere *communis opinio*, zeker waar het de literatuur en de schilderkunst betreft.'[1]

Where did the word 'decadence' originate?
It is derived from a Latin word meaning 'falling
down'. Charles Montesquieu used it in 1734 in
his treatise *Considérations sur les causes de
la grandeur des Romains et de leur décadence*,
in which he described the fall of Ancient Rome.
Edward Gibbon used the term in 1776 in his
book *History of the Decline and Fall of the
Roman Empire*. Lamentation over the deterioration and imminent ruin of culture and society is
nothing new. Nonetheless, the word 'decadence'
only came into common usage in the second
half of the nineteenth century. The painting by
Thomas Couture, *Les Romains de la décadence*
(1847), certainly contributed to this usage.
Partly under the influence of Darwinism, the
nineteenth century witnessed the advent of the
idea that not only does every individual and
every animal species experience an inevitable
cycle of growth, efflorescence and decay,
but every group, state, nation and culture also
undergoes the same process. This notion is
contrary to the idea of the gradual progress
of humanity.

Originally, the term 'decadent' was applied
to several French painters and authors who
distanced themselves from the erstwhile
prevalent philosophy of art at the Académie
Française. The days of romanticism, naturalism,
neo-classicism and neo-Gothic were considered bygone times. In their view, a well-developed person no longer busied himself with the
beauty of a sunset – that was fine for Turner's
generation. Art could no longer accommodate
nature, farmers, and rural life. 'Nature is for the
contented and the empty-headed,' wrote the
Dutch poet J.C. Bloem. The rules of poetry that
had been strictly guarded by the Parnassians
were thrown overboard and 'free verse' arose
in their place. Art served no master other than

itself – *L'art pour l'art*. The establishment
anathematised the cultural rebels by applying
to them the term 'decadent'. Manet's *Le déjeuner
sur l'herbe* was condemned by the general
public and Baudelaire's *Les fleurs du mal* by
the judge. In the twentieth century, this route
would be pursued in a completely different
context, from 'decadent art' to 'degenerate art'.
Decadent artists transgressed the prevailing
artistic norms and were denounced accordingly. However, they soon turned this sobriquet
into an honorary title and were proud to declare
themselves 'decadent'. *Le Décadent* art magazine was founded in 1886. They regarded
themselves as avant-garde and looked down
upon those who looked down on them. A certain
degree of conceit cannot be denied here.

Are we again living in a decadent period with
regard to art and culture? Polak has little
doubt: 'It seems as if the flourishing of European culture, despite all artificial nourishment,
has now come to an end, at least for the time
being, and we are currently experiencing the
upsurge of a brash epigonism that, assisted
by all the resources that advertising can offer,
wishes to deceive itself and others that it
possesses equal or greater talent than previous
generations…', and 'Keeping in mind the *fin
de siècle*, the viewer who perceives the way in
which the transition from the twentieth to the
twenty-first century is devoid of any artistic
quality will be absolutely stunned.'[2]

In the nineteenth century, the artistic countermovement was formed not only by 'doomed
poets' and other rejected artists who, feeling
exalted and forsaken, misunderstood yet
sagacious, pursued their own lonely path, but
also by non-conformists in a broader sense.
Established values and norms were violated

Waar komt het woord 'decadentie' vandaan? Het stamt uit het Latijn en betekent 'verval'. Charles Montesquieu gebruikte het in 1734 voor zijn traktaat *Considérations sur les causes de la grandeur des Romains et de leur décadence*, waarin hij de neergang van het oude Rome beschreef. Edward Gibbon gebruikte het begrip in 1776 in zijn boek *History of the Decline and Fall of the Roman Empire*. Geklaag over de verwording en dreigende ondergang van de cultuur en de maatschappij is van alle tijden. Toch vond het woord 'decadentie' pas in de tweede helft van de negentiende eeuw algemeen ingang. Het schilderij *Les Romains de la décadence* (1847) van Thomas Couture heeft daar zeker toe bijgedragen. In die eeuw wint, mede onder invloed van het darwinisme, de gedachte veld dat niet alleen ieder individu en iedere diersoort maar ook elke groep, staat, natie en beschaving onontkoombaar een cyclus meemaakt, gekenmerkt door eerst opkomst, vervolgens bloei en ten slotte verval. Een opvatting die tegengesteld is aan de gedachte van een gestage vooruitgang van het mensdom.

'Decadent' had aanvankelijk betrekking op sommige Franse schilders en schrijvers. Deze braken met de toen in de Académie Française heersende opvattingen over kunst. Voorbij was de tijd van de romantiek, het naturalisme, het neoclassicisme en de neogotiek. Een ontwikkeld mens, vonden zij, had het niet meer over de schoonheid van een zonsondergang, dat was goed voor de tijd van Turner. Voor de natuur, boeren en het landelijke leven was geen plaats meer in de kunst. 'Natuur is voor tevredenen en legen', schreef J.C. Bloem. De door de Parnassiens streng bewaakte regels van de dichtkunst werden overboord gegooid en 'het vrije vers' ontstond. De kunst diende geen ander doel meer dan zichzelf: *L'art pour l'art*. 'Decadent' was de door de bewakers van de gevestigde orde uitgesproken banvloek over de culturele oproerlingen. *Le déjeuner sur l'herbe* van Manet werd veroordeeld door het publiek en *Les fleurs du mal* van Baudelaire door de rechter. Deze weg zou in de twintigste eeuw, in een geheel andere context, vervolgd worden van 'decadente kunst' naar 'ontaarde kunst'. De decadente kunstenaars schonden de geldende artistieke normen en werden er om veroordeeld. Zij namen echter al snel de misprijzende term over als een geuzennaam, verklaarden zichzelf 'décadent' en stichtten in 1886 het tijdschrift *Le décadent*. Zij zagen zichzelf als de avant-garde en keken neer op wie op hen neerkeek. Enige zelfingenomenheid kan hen niet worden ontzegd.

Leven wij ook nu in een artistiek en cultureel opzicht decadente periode? Polak betwijfelt het niet: 'Nu het er naar uitziet dat de bloei van de Europese cultuur, ondanks alle artificiële aanmoediging, voorlopig ten einde is en wij slechts de opkomst beleven van een luid rumoerend epigonendom, dat met hulp van alle middelen die reclame te bieden heeft, zichzelf en anderen wil wijsmaken over gelijke of nog grotere creatieve talenten te beschikken dan voorgaande generaties …', en 'Een terugblik op de eeuwwisseling van de negentiende naar de twintigste, slaat de beschouwer, die waarneemt hoe de van elke artisticiteit gespeende over-gang van de twintigste naar de eenentwintigste eeuw zich voltrekt, met verbijstering.'[2]

In de negentiende eeuw werd de tegen-beweging niet alleen gevormd door 'gedoemde dichters' en andere uitgestoten kunstenaars die groots en onbegrepen hun eenzame weg gingen, maar ook door non-conformisten in

in all kinds of domains. In ethical matters, the Decadents opposed the morals – experienced as moralism – of that era. Some adopted a libertine lifestyle. In philosophical terms, the Decadents rebelled against Logical Positivism. They rejected 'reality' and embraced philosophical idealism in which only inner reality counted. This led some toward mysticism and esotericism (see the Theosophical Society, founded in 1875, which appeared in the Netherlands in 1891). In a socio-political context, the Decadents rejected the ideology of 'progress', which they regarded as nothing less than a cloak for pure materialism and financial profit. The countermovement distanced itself from both the bourgeoisie and the workers. In short, it was a reaction to and a protest against the existing social structures. Individualism was the new norm, independence was championed, the emancipated individual was extolled, singularity was glorified, and isolation from the masses was the battle cry. 'Bourgeois' became the ultimate insult. Some took refuge in a no-compromise style of anarchy. The new attitude was expressed in dress and conduct by the English dandy and the French bohemian. Not infrequently, the protest dissolved in alcohol and drug abuse and visits to brothels, with syphilis as an occasional addendum.

It is doubtful if such developments permeated through all layers of Western European society in the second half of the nineteenth century. The workers in the fields, in the factories or down the mines will have had other concerns. In higher social circles, however, many people experienced the period in which they lived as an 'era of decadence'. To them, the feeling of decay and impending disintegration was the characteristic mood of the *fin de siècle*. 'Whereas we currently regard the nineteenth century as a time of steel, steam and

self-confidence, as an era of truly unbridled expansion, the nineteenth-century population, at least, those in the period we now refer to as the *fin de siècle*, did not cease to bemoan their times as a period of continuing decay and ruin,' writes Polak.[3] Decay abounded, especially moral decay, accompanied by boredom (*ennui*). The main culprit was easily identified: the woman. The *femme fatale* was born. Decadence meant not only artistic decline but also, and perhaps primarily, moral decline. And that is the way it has been right down to the present day. With 'decadence', many refer to degeneration or even downright debauchery. *Hotel O*, the pornographic version of Shakespeare's *Othello* (wasn't Shakespeare himself a violator of norms?) by R.A. Burt, is perhaps a good example here.

In the light of the foregoing, it is no wonder that 'decadent' generally has a negative undertone, a hint of disapproval. Webster's English Dictionary confirms this. 'Decadent' means 'falling to lower standards' and, as a noun, 'a person of low moral standards'. Decadence refers to gradual decline, deterioration, moral degeneration, particularly a lack of *joie de vivre* and an exaggerated desire for pleasure. In many cases, the reference is to 'degeneracy in art'. The Decadents are artists whose work displays the symptoms of a period of decadence, especially an extraordinary refinement of expression in the absence of inner strength. The negative tint of the description presented by Webster requires no further elaboration. It is obvious that 'decadent' does not involve merely the denomination of a fact but the expression of a judgement. Someone judges something or someone, even himself, as decadent and, of course, this discloses a great deal about the standards of the person making the judgement.

bredere zin. Gevestigde normen en waarden werden op allerlei gebieden met voeten getreden. In ethisch opzicht verzetten de decadenten zich tegen de moraal – beleefd als 'moralisme' – van die tijd. Bij sommigen leidde dit tot een libertijnse levensstijl. In filosofisch opzicht rebelleerden de decadenten tegen het positivisme. Zij verwerpen 'de realiteit' en omarmden het filosofisch idealisme, waarin alleen de innerlijke realiteit telde. Bij sommigen voerde dit tot mysticisme en esoterie (zie de in 1875 opgerichte Theosofische Vereniging, in Nederland in 1891). In sociaal-politiek opzicht verwierpen de decadenten de ideologie van 'de vooruitgang', die zij beschouwden als niets anders dan een dekmantel voor puur materialisme en geldgewin. De tegenbeweging zette zich af tegen de bourgeoisie én tegen de arbeiders, zij was kortom een reactie op en protest tegen de bestaande maatschappij. Individualisme was de nieuwe norm, onafhankelijkheid werd gepredikt, de van zijn ketenen bevrijde mens werd verheerlijkt, het anders zijn werd bezongen en verwijdering van de massa was het wachtwoord. 'Burgerlijk' werd het ultieme scheldwoord. Een compromisloos anarchisme was bij sommigen het resultaat. De nieuwe levenshouding werd in kleding en gedrag uitgedrukt door de Engelse dandy en de Franse bohémien. Het protest loste overigens niet zelden op in alcohol, drugs en bordeelbezoek, al dan niet gevolgd door syfilis.

Dat dit alles de gehele West-Europese maatschappij van de tweede helft van de negentiende eeuw breed en diep zou hebben doordrongen, mag worden betwijfeld. De arbeiders op het land, in de fabriek of in de mijnen zullen wel wat anders aan hun hoofd hebben gehad. In de betere kringen echter beleefden velen de periode waarin zij leefden als 'een tijdperk van decadentie'. Het gevoel van verval en naderende ondergang was in deze kringen het grondkenmerk van het 'fin de siècle'. 'Terwijl wij heden ten dage op de negentiende eeuw terugzien als een tijdperk van staal, stoom en zelfvertrouwen, als een tijdsspanne van waarlijk ongebreidelde expansie, werden de negentiende-eeuwers, althans in de periode welke wij nu aanduiden met fin de siècle, niet moede hun tijd te bewenen als een periode van voortschrijdend verval en ondergang', schrijft Polak.[3] Verval leek alom, vooral moreel verval en, in samenhang daarmee, verveling ('ennui'). De hoofdschuldige was niet ver te zoeken: de vrouw. De 'femme fatale' was geboren. Decadentie betekende niet alleen artistiek verval maar ook, en misschien wel vooral, moreel verval. Zo is het nog steeds, met 'decadentie' bedoelen velen verloedering, zoniet regelrechte liederlijkheid. *Hotel O*, de door R.A. Burt gemaakte pornografische versie van Shakespeare's *Othello* (Shakespeare zelf was toch ook normdoorbrekend?) is wellicht een goed voorbeeld.

Gezien het hiervoor gaande is het geen wonder dat 'decadent' in de regel een negatieve bijklank heeft, iets van een afkeuring. Het *Groot Woordenboek der Nederlandse Taal* bevestigt dit. Decadent betekent 'in verval verkerend' en 'zonder innerlijke en morele kracht'. Decadentie verwijst naar geleidelijk verval, achteruitgang, morele inzinking, met name gebrek aan levenslust en overdreven zucht naar genot. Veelal wordt 'verval in de kunst' bedoeld. Decadenten zijn kunstenaars wier werk verschijnselen van een tijdperk van verval vertoont, vooral bijzondere verfijning van uitdrukkingswijze bij gebrek aan innerlijke kracht. Dat de omschrijving door Van Dale negatief gekleurd is, behoeft geen betoog. Het is duidelijk dat 'decadent' niet het vast-

Decadence involves the blurring of moral standards. In April 2003, the Vrije Universiteit of Amsterdam launched a training course for desk clerks to teach them how to cope with increasingly aggressive students. Many may think: 'Have they gone out of their minds?', but few will refer to this as decadence. Decadence covers moral degeneration involving aspects other than aggression. Enjoyment is often the point at issue, or rather, enjoyment considered unseemly. To some, going out cycling on a Sunday is a clear case of improper enjoyment, although the prevalent interpretation consists of misunderstood hedonism, pleasure-seeking, extravagance, orgies – spraying a magnum of Veuve Clicquot over the muddy bonnet of a winning racing car, or licking a chocolate-coated nymph in a nightclub. Poor Epicure – he would turn in his grave if he could hear that some people refer to such examples of conduct as 'hedonistic'.

Nevertheless, to many people, 'decadent' does have positive connotations, both in the artistic and the moral sense. In artistic respects, it cannot be denied that Baudelaire, Stéphane Mallarmé, Paul Valéry, Oscar Wilde, Stendhal, Flaubert, Hugo von Hofmannsthal, and many others were 'decadents' in whose slipstream Impressionism, Symbolism and Art Nouveau grew into major movements. The Dutch *Grote Winkler Prins Encyclopedie* recognizes this second meaning: 'Besides the negative aspects of feebleness in relation to vitality, decadence also denotes a refinement of the inner life, sensual refinement, the subtle sense of design, reverie and imagination. The loss of energy, the weakening of instinct, indecision, and amoral-ity seem to be merely the darker side of the – primarily artistic – enrichment of life.' In moral terms, 'decadence' still means liberation from

the grasp of norms that are experienced as rigid and oppressive. Apparently decadence evokes not only repulsion but also attraction, to the extent that we can even speak of a 'pull towards decadence'. Perhaps it would be useful to talk about decadence in a negative and in a positive sense. What is the difference?

The weakening or renunciation of prevailing values or norms can be called 'decay' but this does not mean that something inherently positive or negative has been said. Which norm is being abandoned and what is replacing it – these are the important issues. Every period has its own norms. These are expressed in more or less explicit Big Stories on Knowledge, Ethics and Art. This is an inevitable and useful aspect of socialization. Equally unavoidable, however, is the frustration induced by this socialization. Norms enable living and working together by limiting individual freedom. This precondition of social life is also a signifi-cant source of the anarchistic tendencies that lurk in every society. They show themselves in tempered form in the constant meddling with existing norms, which consequently change gradually in the course of time. The inclination toward decadence is also a penchant for freedom and, seen this way, it is ubiquitous. However, freedom from restrictive norms leaves unanswered the question concerning what is going to replace them. Creative self-development is a standard response, but actually many people consider being young, beautiful, rich and famous as much more important. 'Cool' is out, 'hot' is in.

What is the function of an inclination toward decadence? It exists because people wish to be free, to enjoy life in their own way, even when that means shocking people, flaunting

stellen van een feit inhoudt, maar het uitspreken
van een oordeel. Iemand beoordeelt iets of
iemand, eventueel zichzelf, als decadent en
dat zegt uiteraard veel over de maatstaven
van degene die beoordeelt. Decadentie heeft
betrekking op normvervaging. De Vrije Universiteit te Amsterdam is in april 2003 een cursus
gestart voor de baliemedewerkers om beter
te leren omgaan met de steeds agressiever
optredende studenten. Velen zullen denken:
'Zijn ze daar helemáál van God los?', maar
slechts weinigen zullen dit decadentie noemen.
Met decadentie wordt moreel verval bedoeld
in doorgaans andere opzichten dan agressie.
Vaak gaat het om genieten, onoorbaar genieten
welteverstaan. Voor sommigen is op zondag
wél fietsen een voorbeeld. In de regel echter
gaat het om verkeerd begrepen hedonisme,
genotzucht, spilzucht, braspartijen. Een
magnumfles Veuve Clicquot uitspuiten over de
bemodderde kap van een winnende raceauto.
In een nachtclub een met chocola ingesmeerde
vrouw aflikken. Arme Epicurus, hij zou zich van
woede omkeren in zijn graf als hij zou horen
dat sommigen dit 'hedonistisch' noemen.

Toch valt niet te ontkennen dat 'decadent' voor
velen ook een positieve betekenis heeft, zowel
in artistieke als morele zin. In artistiek opzicht
kan niet worden ontkend dat Baudelaire,
Stéphane Mallarmé, Paul Valéry, Oscar Wilde,
Stendhal, Flaubert, Hugo von Hofmannsthal
en vele anderen 'decadenten' waren, in wier
kielzog onder meer het impressionisme, het
symbolisme en de art nouveau tot ontwikkeling
kwamen. De *Grote Winkler Prins Encyclopedie*
erkent deze tweede betekenis: 'Decadentie
duidt dan, naast de negatieve aspecten van
onmacht ten opzichte van het leven, tevens
een verfijning van het gemoedsleven aan, het
sensueel raffinement, de subtiele zin voor

vormgeving, dromerij en fantasie. Het verlies
van energie, de verzwakking van het instinct,
besluiteloosheid en amoraliteit lijken dan
nog slechts de schaduwzijden van de – voornamelijk artistieke – verrijking van het leven.'
In moreel opzicht betekent 'decadentie' ook
nu nog bevrijding uit de greep van normen die
als verstard en beklemmend worden ervaren.
Er bestaat blijkbaar niet alleen een afschuw
voor decadentie maar ook een aantrekking
van decadentie, zozeer zelfs dat we kunnen
spreken van 'een hang naar decadentie'.
Misschien moet van decadentie in negatieve
zin en van decadentie in positieve zin worden
gesproken. Wat is het verschil?

Het afzwakken of afzweren van een heersende
norm of waarde kan 'verval' worden genoemd,
maar daarmee is nog niet iets positiefs of
negatiefs gezegd. Wélke norm teloorgaat en
wát er voor in de plaats komt, dat zijn de
belangrijke vragen. Iedere tijd kent zijn eigen
normen. Deze zijn onder woorden gebracht
in meer of minder expliciete Grote Verhalen
over Kennis, Moraal en Kunst. Dat is een
onvermijdelijk en nuttig aspect van socialisatie.
Even onafwendbaar is echter de frustratie
die door deze socialisatie teweeggebracht
wordt. Normen maken samenleven mogelijk
door individuele vrijheid te beperken.
Deze voorwaarde tot samenleven is dan ook
tevens een belangrijke bron van anarchistische
tendensen die in elke samenleving sluimeren.
Deze treden in afgezwakte vorm naar voren
in het tornen aan de bestaande normen,
die dan ook in de loop der tijd veranderen.
De hang naar decadentie is onder meer een
uiting van de hang naar bevrijding en is,
aldus opgevat, niemand vreemd. Vrijheid
van inperkende normen laat de vraag echter
onverlet wat daarvoor in de plaats komt.

and prancing, debauchery, or crude sex.
In an artistic sense, the liberation referred to
as 'decadent' has led to 'artistic expression'
that many regard as false, forced, excessive,
kitsch, gaudy, tasteless, and banal. A urinal, an
unmade bed, a canned turd in the art gallery.
The situation in which art currently finds itself
has been aptly described as 'anything goes'.
In this void of norms, there are no longer norms
to transgress and decadence has abolished
itself. Liberation, however, has also led to
innovation, differentiation, and abundance.
In moral terms, it has led to greed, ostentation,
self-indulgence, and a nonchalant approach
to matters that many people consider to be of
fundamental value, such as food. On the other
hand, it has also meant emancipation from
anti-hedonistic ethics. Unpretentiously
'delighting in decadence' is reserved for those
who still feel the former, strict norm and
nonetheless transgress it. Introducing seven
varieties of ice cream on the market, each
named after one of the cardinal sins that in the
minds of many still guarantee the sinner a
ticket to hell, is an example of judiciously
understanding decadence. Yet the best
example of positive decadence is perhaps the
organization of an exhibition on decadence.[4]

Creatieve zelfontplooiing, jawel, maar velen
vinden jong, mooi, rijk en bekend zijn toch
belangrijker. 'Cool' is uit, 'hot' is in.

Waarom bestaat er een hang naar decadentie?
Omdat mensen vrij willen zijn, van het leven
willen genieten op hun eigen manier, ook
wanneer dat betekent: genieten van shockeren,
van pralen en pronken, van braspartijen of
van platte seks. In artistiek opzicht heeft de
decadent genoemde bevrijding geleid tot
'kunstuitingen' die door velen als inauthentiek,
gezocht, overladen, kitscherig, protserig,
smakeloos en platvloers worden ervaren.
Een urinaal, een onopgemaakt bed, een in-
geblikte drol in het museum. De toestand waarin
de kunst zich thans bevindt kan gevoeglijk
worden aangeduid met 'anything goes'. In dit
normenloze universum zijn er geen te over-
treden normen meer over en heeft de decadentie zichzelf opgeheven. De bevrijding heeft
echter ook geleid tot vernieuwing, verscheiden-
heid en rijkdom. In moreel opzicht heeft zij
geleid tot hebzucht, pronkzucht, genotzucht
en het achteloos omgaan met zaken die door
velen als waardevol worden geacht, voedsel
bijvoorbeeld. Zij betekende echter ook een
bevrijding uit een antihedonistische moraal.
Pretentieloos 'lekker decadent doen' is
weggelegd voor wie de oude, strenge norm
nog voelt en hem desondanks overtreedt.
Zeven soorten ijsjes op de markt brengen, elk
genoemd naar een van de zeven hoofdzonden
waarvoor sommigen nog steeds naar de
hel menen te moeten, verwijst hiernaar.
Misschien is het mooiste voorbeeld van
positieve decadentie het organiseren van een
tentoonstelling over decadentie.[4]

CONCEPTUAL
CONCEPTUEEL

Tableware as an idea. The diverse functions are redefined in a language of luxury and degeneration. Material and decorations dissolve into the purely notional world. Stacked dinner services become architectonic sculptures, user functions blur. Ultimate decadence is the elaboration of the completely non-functional.

**39  Arman**
Nice, France, 1928
*Demie Tasse*, 1990, glazed porcelain, 175 copies made, teapot h. 16 cm, realized by Bernardaud, Limoges, courtesy of Artes Magnus, New York
Arman allows us to experience what it is like to have breakfast with literally half a dinner service. It emphasizes just how important oral impressions and manual co-ordination actually are. At the same time, the artist also plays with two and three-dimensionality, an aspect that a tableware designer has to deal with continually.

**40  Hella Jongerius**
De Meern, the Netherlands, 1963
*Geborduurd bordje (Embroidered plate)*, 2000, prototype, porcelain and cotton thread, Ø 19 cm
A good dinner service is strong and does not absorb! Jongerius has her own opinion on this topic. She plays with the properties of the materials and, with this plate, demonstrates the tension between the hard porcelain and the soft cotton embroidery. You can imagine the gravy soaking into the cotton thread and dripping through the holes in the porcelain.

**41  Leopold Foulem**
Bathurst, New Brunswick, Canada, 1945
untitled teapot, 2002, h. 25 cm, w. 23 cm, porcelain, hand-painted with transfers, metal, courtesy of Garth Clark Gallery, New York
This teapot is purely intended as a bearer of luxury and allows us only to dream of a cup of tea. When you lift the lid, you find only a disappointing black plane. The oriental shape, the poppies, and the Chinese porcelain patterns refer to the decadent opium culture.

**42  Eduard Hermans**
Leveroy, the Netherlands, 1959
*Whipped cream with strawberry*, 2003, glazed stoneware, plates 34 x 34, 25.5 x 25.5, and 22.5 x 22.5 cm, table pieces h. 45 cm, w. 42 cm
This service is an avant-garde urban design. It has the allure of a metropolis, where the plates function as layered plazas and the red table pieces /vases are the buildings.

**44  Joseph Kosuth**
Toledo, Ohio, USA, 1945
*Forme Appliquée (Historique)*, 1991, plates from a 42-piece dinner service, glazed porcelain, 75 copies made, produced in Limoges, courtesy of Artes Magnus, New York
This service has been compiled from various successful models that reflect two hundred years of Limoges porcelain production. Instead of the original decoration, only the name of the decoration and the year in which the service first appeared now function as decoration.

**45  Ted Noten**
Tegelen, the Netherlands, 1956
*Stapeling (Stacking)*, 2000, porcelain Blokker dinner service, fired together, with gold glaze, h. 20 cm, w. 31 cm, realization in conjunction with the European Ceramic Work Centre, Den Bosch, the Netherlands, collection of the European Ceramic Work Centre, Den Bosch
It is an art to create (covered) dishes and sauce boats in such a way that they fit together neatly. An unpleasant friction is soon the result of stacking a cheap dinner service from the Blokker chainstore. Noten fired together the various dinner service components and coated the whole with gold glazing, producing an expensive sculpture with infinite reflections.

**46  Miriam van der Lubbe**
Nijmegen, the Netherlands, 1972
*Tea Set*, 2002, porcelain, cups h. 5.5-10 cm, Ø 6-8 cm, teapots h. 17.5 cm, produced in conjunction with the European Ceramic Work Centre, Den Bosch, the Netherlands
Scraps of food have been elevated to become extremely refined glaze decorations on a plain and solid Mosa dinner service. As a result, the service yearns permanently for a good scrub.

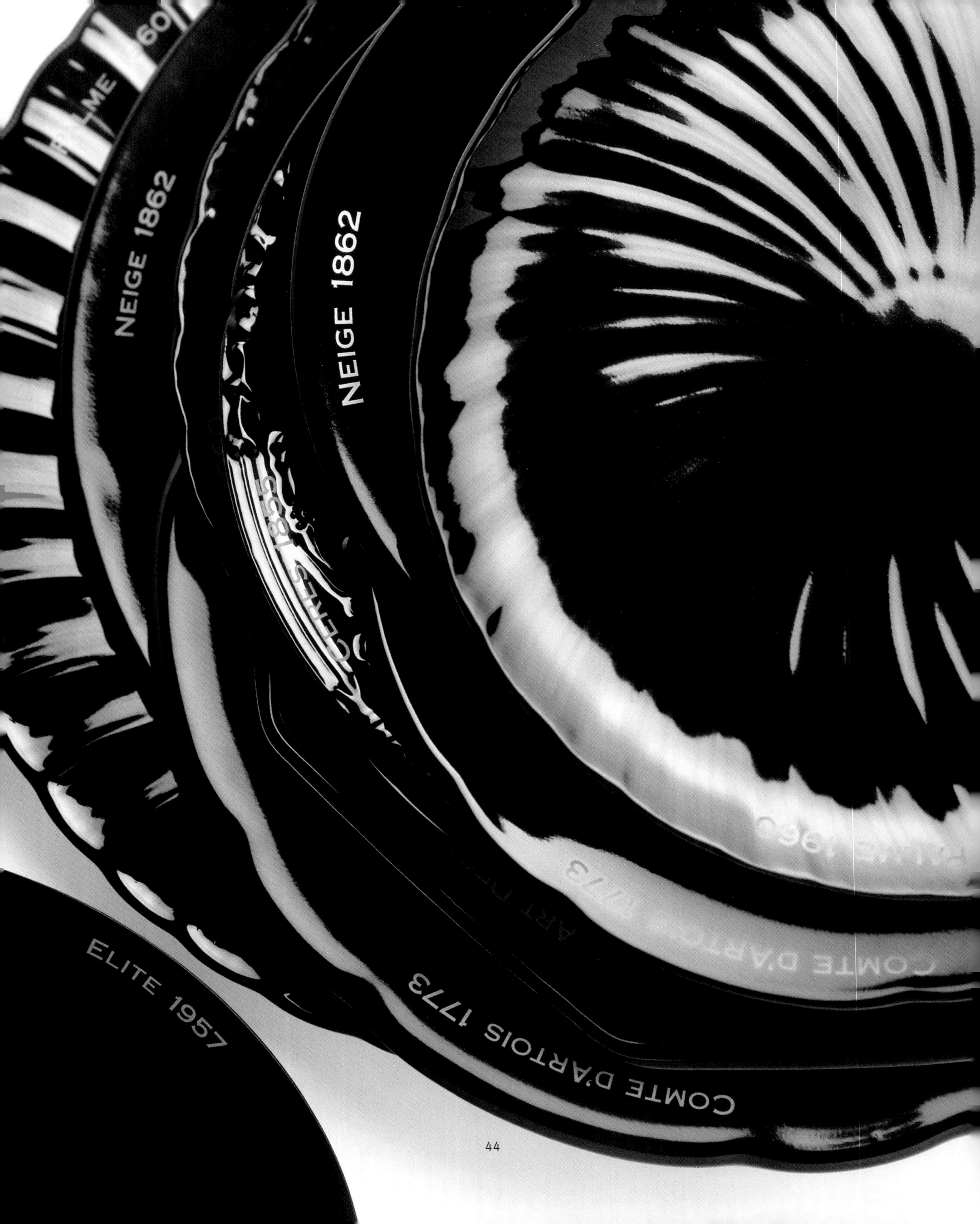

NEIGE 1862

NEIGE 1862

ELITE 1957

COMTE D'ARTOIS 1773

Het servies als idee. De uiteenlopende functies worden opnieuw gedefinieerd in een taal van luxe en verval. Materiaal en decoraties gaan op in de absolute ideeënwereld. Gestapelde serviezen worden architectonische sculpturen, gebruiksfuncties vervagen. De ultieme decadentie is de uitwerking van het volstrekt a-functionele.

## 39 Arman

Nice, Frankrijk, 1928

*Demie Tasse*, 1990, geglazuurd porselein, oplage 175, theepot h. 16 cm, uitvoering Bernardaud, Limoges, courtesy Artes Magnus, New York

Arman laat ons ervaren hoe het is om te ontbijten van een letterlijk gehalveerd servies. Dan blijkt hoe belangrijk de tast van de mond en de coördinatie van de hand zijn. Tegelijkertijd speelt de kunstenaar met het twee- en driedimensionale vlak, een aspect waarmee een serviesontwerper voortdurend te maken heeft.

## 40 Hella Jongerius

De Meern, Nederland, 1963

*Geborduurd bordje*, 2000, prototype, porselein en katoendraad, Ø 19 cm

Een goed servies is sterk en absorbeert niet! Jongerius heeft daar haar eigen ideeën over. Zij speelt met de eigenschappen van materialen en laat in dit bord de spanning zien tussen het harde porselein en het zachte katoenborduursel. Je ziet de jus al in het katoendraad trekken en langzaam door de gaten van het porselein druipen.

## 41 Leopold Foulem

Bathurst, New Brunswick, Canada, 1945

theepot zonder titel, 2002, h. 25 cm, br. 23 cm, porselein, handbeschilderd en transfers, metaal, courtesy Garth Clark Gallery, New York

Deze theepot is louter bedoeld als drager van luxe en laat ons alleen dromen van een kopje thee. Wanneer je de deksel optilt tref je een teleurstellend zwart vlak. De oriëntaalse vorm, de papavers en motieven van Chinees porselein verwijzen naar de decadente opiumcultuur.

## 42 Eduard Hermans

Leveroy, Nederland, 1959

*Whipped cream with strawberry*, 2003, geglazuurd steengoed, borden 34 x 34, 25,5 x 25,5 en 22,5 x 22,5 cm, tafelstukken h. 45 cm, br. 42 cm

Dit servies is als een avantgardistisch stadsontwerp. Het heeft de uitstraling van een metropolis, waarbij de borden als gelaagde pleinen en de rode tafelstukken/ vazen als gebouwen functioneren.

## 44 Joseph Kosuth

Toledo, Ohio, Verenigde Staten, 1945

*Forme Appliquée (Historique)*, 1991, borden uit 42-delig eetservies, geglazuurd porselein, oplage 75, uitvoering Limoges, courtesy Artes Magnus, New York

Dit servies is samengesteld uit verschillende succesvolle modellen die de tweehonderdjarige geschiedenis van Limoges' porseleinproductie weerspiegelen. In plaats van het originele decor fungeert nu alleen nog de decornaam en het jaar waarin het servies voor het eerst verscheen als decoratie.

## 45 Ted Noten

Tegelen, Nederland, 1956

*Stapeling*, 2000, aan elkaar gebakken porseleinen Blokker-servies met goudglazuur, h. 20 cm, br. 31 cm, uitvoering in samenwerking met het Europees Keramisch Werkcentrum Den Bosch, collectie Europees Keramisch Werkcentrum, Den Bosch

Het is een kunst om (dek)schalen en sauskommen zó te maken dat zij mooi in elkaar passen. Bij het opstapelen van een goedkoop Blokker-servies ontstaat al gauw een onaangename frictie. Noten heeft de onderdelen aan elkaar vast gebakken en bedekt met goudglazuur. Zo is een kostbare sculptuur met eindeloze spiegelingen ontstaan.

## 46 Miriam van der Lubbe

Nijmegen, Nederland, 1972

*Tea Set*, 2002, porselein, kopjes h. 5,5-10 cm, Ø 6-8 cm, theepotten h. 17,5 cm, uitvoering in samenwerking met het Europees Keramisch Werkcentrum, Den Bosch

Op een nuchter en degelijk Mosa-servies zijn etensresten tot uiterst verfijnde glazuurdecoraties verheven. Het servies blijft hierdoor voorgoed verlangen naar een afwasbeurt.

# Cultural Pessimism
# Cultuurpessimisme

## Maarten van Rossem

Maarten van Rossem is a historian and an
extraordinary professor at the University of
Utrecht, with the teaching commitment: Dutch
Culture in an International Context.

Maarten van Rossem is historicus en bijzonder
hoogleraar aan de Universiteit Utrecht met
als leeropdracht 'De Nederlandse cultuur in
internationale context'.

Cultural pessimism is one of the most remarkable and stubborn of all intellectual ailments. The despondent holds a profound conviction that, precisely in his or her lifetime, culture and society are degenerating in a dramatic fashion. Whereas, at some vaguely defined time in the past, culture used to have a vital, creative and disciplined quality, it has now become subject to encroaching decadence. The Apocalypse is nigh – at least this will be the case if no attention is devoted to the warnings of the despondent. Cultural pessimism, however, has always been with us and seems to be largely independent of objectively verifiable social circumstances. For example, many Dutch intellectuals of the 1950s were very pessimistic about erstwhile Dutch culture, whereas present-day despondents tend to regard the fifties as a paradisaical period in which television had not yet begun to exert its corrupting influence, conventional socio-political blocks were still the pillars of society, and Prime Minister Drees governed the country mildly but firmly. Nevertheless, the fact that cultural pessimism is often motivated by extremely subjective emotions does not mean that some historical periods do not furnish more and better reasons for a sombre view of culture than others.

The efflorescence of modern cultural pessimism occurred in the four decades between the end of the First World War and the end of the fifties. It is easy to understand why, in the interbellum period, many intellectuals, of whom Oswald Spengler, Johan Huizinga, and Ortega y Gasset are the most renowned, were gloomy about the future of Western culture. The enduring and senseless massacres on the Western front had brought a definitive end to Victorian optimism. What some artists and intellectuals had predicted as far back as the *fin de siècle* – that mankind was not a rational, calculating species but was driven instead by darker instincts – appeared to have been fully confirmed by the First World War. In all respects, the effects of that war threatened the middle-class, liberal, cultural elite in West-European countries, the breeding ground of most cultural pessimists. The Bolshevik government in Russia nurtured

Een van de merkwaardigste en hardnekkigste intellectuele kwalen is het cultuurpessimisme. De cultuurpessimist heeft de stellige overtuiging dat cultuur en samenleving juist in zijn tijd bezig zijn ingrijpend te verloederen. Terwijl in een meestal vaag gedefinieerd 'vroeger' de cultuur nog vitaal, creatief en gedisciplineerd was, is zij nu ten prooi aan decadentieverschijnselen en is het einde der tijden in zicht, als er althans geen acht wordt geslagen op de waarschuwingen van de cultuurpessimist. Het cultuurpessimisme is van alle tijden en lijkt grotendeels onafhankelijk van de objectief vaststelbare maatschappelijke omstandigheden. Zo waren veel Nederlandse intellectuelen in de jaren vijftig van de twintigste eeuw zeer pessimistisch gestemd over de Nederlandse cultuur terwijl de cultuurpessimisten van nu de jaren vijftig juist beschouwen als een paradijselijke periode, toen de televisie zijn verpestende invloed nog niet had doen gelden, de zuilen nog fier overeind stonden en Drees mild maar gedecideerd het land bestuurde. Dat het cultuurpessimisme vaak door zeer subjectieve emoties wordt gedreven, wil niet zeggen dat er in sommige historische periodes niet meer en betere redenen zijn voor sombere beschouwingen over de cultuur dan in andere.

De bloeitijd van het moderne cultuurpessimisme valt in de vier decennia tussen het eind van de Eerste Wereldoorlog en het eind van de jaren vijftig. Zeker in het interbellum valt het wel te begrijpen dat veel intellectuelen, waarvan Oswald Spengler, Johan Huizinga en Ortega y Gasset de bekendste waren, somber gestemd waren over de toekomst van de westerse cultuur. De langdurige, zinloze slachting aan het westelijk front had aan het Victoriaanse optimisme definitief een einde gemaakt. Wat sommige kunstenaars en intellectuelen al aan het eind van de negentiende eeuw hadden verkondigd, namelijk dat de mens helemaal geen rationeel calculerend wezen was, maar werd voortgedreven door duistere instincten, leek volledig bevestigd te zijn door de Eerste Wereldoorlog. De gevolgen van die oorlog waren in alle opzichten uiterst bedreigend voor de burgerlijke, liberale culturele elite in de

the resolve to put a revolutionary end to
the liberal-democratic social order as soon
as possible. The most successful political
movement of the interbellum period
– Fascism – counterbalanced this Bolshevism.
Although some intellectuals, due to their anti-
Bolshevist attitude, were sympathetic towards
Fascism, most middle-class intellectuals
rightly regarded Fascism and its radical
variant, National Socialism, as an equally
potent menace to the essential components
of Western culture.

An element that despairing intellectuals
also experienced as being particularly threatening in the twenties and thirties was the
advent of an omnipresent, new mass culture
that utilized two new technological advance-
ments, film and radio. The commercial
exploitation of these new media meant that
the cultural level of the message presented by
these media was determined by the vast
majority of cinemagoers and radio listeners.
When the cultural elite visited the cinema or
listened to the radio, they were confronted by
a frequently vital but also vulgar culture alien
to them, which they regarded as a deadly
threat to the high culture that, in their opinion,
comprised the essence of Western civilization.
In this context, it is entertaining and illumin-
ating to read what Huizinga wrote in his book
*In de schaduwen van morgen*, 1935 (transl.
'In the Shadows of Tomorrow', 1936), on the
allegedly pernicious influence of radio. Cultural
pessimists regarded mass culture as the origin
of the man in the crowd and, for a large part of
the previous century, this 'wholesale man' was
seen by the cultural elite as the major cause of
the political and cultural demise of the West.
The man in the crowd was lazy, stupid, undisciplined and demanding. He did not understand that his newly gained prosperity was the
brainchild of an academic and scientific elite.
On the contrary, he regarded this prosperity
as completely self-evident and as something
to which he was fully entitled. The man in the
crowd drove his car and watched television
without having even the faintest idea of
how they functioned or of their underlying
physical principles. The man in the crowd
most resembled a spoiled child.

Despite his new prosperity, the man in the
crowd led a spiritually uprooted and lonely
existence in the enormous cities generated by
industrial society, largely because he had lost
his traditional beliefs and missed a regulating
social environment. Accordingly, it is also
self-evident that he also lacked a stable
pattern of values and norms. The decline of
formerly sound values and norms is a classical
complaint from the repertoire of the cultural
pessimists. Ever since the initiation of that
debate, there has never been a period in which
the cultural elite has articulated a positive
word on the values and norms of its fellow
citizens.

The correct pursuance of proper values and
norms had invariably taken place in a small-
scale society some time in the past. To cultural
pessimists, the perfect human community has
always been a strongly idealized village society.
People may have been poor in that idyllic
village, which had once nestled somewhere
among wooded hills, but they were nonetheless
diligent and happy. Everyone knew his or her
place, the church was packed on a Sunday,
and the tightly-knit community ensured the
necessary social discipline. For over a century,
the key question has concerned the way in
which the prosperity of an anonymous and
large-scale industrial society can be combined
with the simple human contentment of a
village community. It will be obvious that
such abstractions are extremely misleading.
Village communities are much less attractive
and industrial societies are much more
attractive than cultural pessimists and other
conservative thinkers would have us believe.
It is not without reason that for centuries
villagers have been fleeing their origins,
searching for freedom and developmental
opportunities in the cities.

Because cultural pessimists also realized,
of course, that a return to the village was
impossible due to practical reasons, they
offered a solution to counteract the decline of
modern society – a solution which also
afforded them an advantage. Salvation could
only be expected from an intellectual elite that
was conscious of the relevant problems and
capable of educating the idle, undisciplined

West-Europese landen, waaruit de cultuurpessimisten meest afkomstig waren. Het bolsje-
wistische bewind in Rusland koesterde het
voornemen zo snel mogelijk een revolutionair
einde te maken aan de liberaal-democratische
maatschappelijke orde. Tegen het bolsjewisme
ageerde de meest succesvolle politieke
beweging van het interbellum: het fascisme.
Hoewel sommige intellectuelen wel wat zagen
in het fascisme vanwege dat anti-bolsjewisme,
beschouwden de meeste burgerlijke intellectuelen het fascisme en zijn radicale variant, het
nationaal-socialisme terecht als een even groot
gevaar voor de essentiële onderdelen van de
westerse cultuur als het bolsjewisme.
Wat de cultuurpessimistische intellectuelen
in de jaren twintig en dertig ook bijzonder
bedreigend vonden was de opkomst van een
alomtegenwoordige nieuwe massacultuur, die
gebruik maakte van twee nieuwe technologieën,
de film en de radio. De commerciële exploitatie
van deze nieuwe media betekende dat het
culturele niveau van de boodschap van die
media werd bepaald door de grote meerder-
heid van bioscoopgangers en radioluisteraars.
Bezocht de culturele elite de bioscoop of
luisterde zij naar de radio, dan werd zij
geconfronteerd met een vaak vitale, maar ook
vulgaire cultuur die de hare niet was en die
zij beschouwde als een dodelijke bedreiging
voor de *high culture* die zij zag als de essentie
van de westerse cultuur. Het is in dit verband
vermakelijk en instructief nog eens na te
lezen wat Huizinga in zijn *In de schaduwen van
morgen* (1935) schreef over de zijns inziens
verderfelijke invloed van de radio. De massacultuur, zo dachten de cultuurpessimisten,
bracht de massamens voort en die massamens
is door de culturele elite gedurende een groot
deel van de vorige eeuw gezien als de belangrijkste oorzaak van de politieke en culturele
neergang van het Westen. De massamens
was lui, dom, ongedisciplineerd en veeleisend.
Hij begreep niet dat zijn nieuwe welvaart het
product was van het denkwerk van een weten-
schappelijke elite. Hij beschouwde die welvaart
integendeel als een geheel vanzelfsprekende
zaak waar hij recht op had. De massamens
reed auto en keek televisie zonder ook maar
het flauwste idee te hebben hoe die apparaten

functioneerden en welke natuurweten-
schappelijke principes er aan ten grondslag
lagen. De massamens leek nog het meeste op
een verwend kind.

In de reusachtige steden die de industriële
samenleving had gecreëerd leidde de massamens, ondanks de nieuwe welvaart, een
geestelijk ontheemd en eenzaam bestaan,
omdat hij het traditionele geloof meestal
had verloren en het hem ontbrak aan een
disciplinerende sociale omgeving. Dat het
hem zodoende ook ontbrak aan een behoorlijk
norm- en waardenpatroon, spreekt voor zichzelf. De verloedering van ooit solide normen
en waarden is een klassieke klacht uit het
cultuurpessimistische repertoire. Sinds dit
debat wordt gevoerd is er geen enkele periode
geweest waarin de culturele elite goed te
spreken was over de normen en waarden van
haar medeburgers. De correcte naleving van
de juiste normen en waarden had zich onveranderlijk afgespeeld in een kleinschalige
samenleving in het verleden. De perfecte
menselijke gemeenschap is voor de cultuurpessimisten altijd een sterk geïdealiseerde
dorpssamenleving geweest. In dat idyllische
dorp, dat ooit ergens tussen de beboste
heuvels had gelegen, waren de mensen weliswaar arm, maar ijverig en gelukkig. Daar wist
iedereen zijn plaats, zat de kerk op zondag vol
en zorgde de hechte gemeenschap voor de
noodzakelijke sociale discipline. Al meer dan
een eeuw is de grote vraag hoe de welvaart
van de anonieme en grootschalige industriële
samenleving kan worden gecombineerd met
het eenvoudige menselijke geluk van de dorpssamenleving. Vanzelfsprekend gaat het hier
om zeer misleidende abstracties. Dorpssamen-
levingen zijn minder aantrekkelijk en de
industriële samenleving is veel aantrekkelijker
dan de cultuurpessimisten en andere conservatieve denkers ons willen doen geloven.
Niet voor niets vluchten dorpelingen al eeuwen
naar de steden op zoek naar vrijheid en
ontplooiingsmogelijkheden.
    Omdat de cultuurpessimisten natuurlijk ook
wel begrepen dat een terugkeer naar het dorp
om praktische redenen niet mogelijk was,
boden zij voor de verloedering van de moderne

plebs. Exactly how this educational process would be implemented was never made clear. This is a traditional problem among cultural pessimists – they know how to write captivatingly about the degeneration of modern society but when it comes to solving the misery, they can produce little more than vague remarks about changes of attitude. The fact that cultural pessimists eagerly appointed themselves as the educators of the derailed masses is also indubitably an indication of one of the major causes of their cultural worries. Cultural elites have a pessimistic view of societal developments when they have the feeling that their own position is being undermined and their own cultural 'capital' is losing its significance. This is the true reason for the persistent anxiety about the mass media's scant interest in high culture, which is precisely the legacy of the cultural elite.

If we approach cultural pessimism as a purely historical phenomenon, we see that it is a direct reaction to cultural optimism, which, in turn, was a product of the Enlightenment, the French Revolution, and the beginning of the industrial revolution. The cultural optimists believed that the political and social world could be altered in such a way that people would be substantially more content. They thought, putting it anachronistically, that the world was malleable. Even during the French Revolution and, of course, largely due to the derailment of that very Revolution, all kinds of objections to this concept of malleability had been formulated. Some opponents of the French Revolution did believe that a certain amount of progress was possible, but they were convinced that this would come in a slow and organic manner. Others believed that the basic sinfulness of mankind precluded all progress. The cultural pessimists have always oscillated between these two extremes. A holistic view of culture is of great importance to traditional criticism of culture. In other words, culture ought to be regarded as a living organism, just like the human body for example. This means that all aspects of culture display mutual coherence and, moreover, culture criticism can make ample use of

metaphors borrowed from the terminology applied to living creatures. For instance, culture can be ill and healthy, young and old, vital and decaying. This kind of metaphorical terminology is partly inevitable, but also exceptionally misleading, simply for the sole reason that it is evident that culture is not a living organism and therefore not all aspects of this culture display a necessary mutual coherence.

Although this may sound remarkable in view of what has been stated above, it must be said that, deep in their souls, many cultural pessimists are optimists, believers in malleability. They actually hope that their pessimistic opinions will have a therapeutic effect and that their morbid predictions will become self-denying prophecies.

The fact that cultural pessimism is not only a historical but also a general human phenomenon is linked to the human life cycle. In the first twenty years of one's life, a set of values and norms is embedded in one's personality. These are partly the values and norms of the upbringers and partly those of the so-called 'peer group' – friends and acquaintances of a similar age. For a number of years, one possesses the mental flexibility to adapt these values and norms to altering circumstances but, as one becomes older, this becomes increasingly difficult and ultimately impossible. In a relatively rapidly changing society, this has the tragic consequence that for a number of years the elderly have to participate in a society that they scarcely comprehend and in which their pattern of values and norms has become largely dysfunctional. In numerous socio-cultural phenomena, this leads to an almost permanent communication breakdown between the different age groups. This is demonstrated most plainly by the respective views on relatively harmless phenomena such as dress and hairstyle.

In the sixties, rebellious young men allowed their hair to grow long. Although this was of no inconvenience to anyone except the young men themselves, this long hair provoked a surprising amount of social turbulence. This was because all the parties regarded long hair as an act of protest. Headmasters sent

samenleving een oplossing waar zij ook zelf
veel voordeel van zouden hebben. Redding
viel namelijk slechts te verwachten van een
intellectuele elite, die zich van de problemen
bewust was en die in staat was het gemakzuchtige, ongedisciplineerde klootjesvolk op
te voeden. Hoe die opvoeding precies in zijn
werk zou gaan werd nooit duidelijk. Dat is een
traditioneel probleem bij cultuurpessimisten;
zij weten boeiend te schrijven over de verloedering van de moderne samenleving, maar als
het aan komt op oplossingen voor de narigheid, komen zij nooit verder dan vage praatjes
over mentaliteitsverandering. Dat de cultuurpessimisten graag zichzelf aanstellen als de
opvoeders van de ontspoorde massamens is
ook ongetwijfeld een indicatie van een van
de belangrijkste oorzaken van hun culturele
zorgen. Culturele elites zijn pessimistisch
gestemd over de maatschappelijke ontwikkelingen als zij het gevoel hebben dat hun eigen
positie wordt aangetast en hun eigen culturele
'kapitaal' aan betekenis verliest. Vandaar de
aanhoudende zorgen over de massamedia,
die nauwelijks zijn geïnteresseerd in de *high
culture*, die nu juist het erfgoed van de
culturele elite vormt.

Beschouwen we het cultuurpessimisme als
een louter historisch fenomeen dan is het een
directe reactie op het cultuuroptimisme, dat
weer een product was van de Verlichting,
de Franse Revolutie en het begin van de
industriële revolutie. De cultuuroptimisten
meenden dat de politieke en sociale wereld
zo veranderd konden worden dat de mens er
aanzienlijk gelukkiger op zou worden. Zij dachten, om het anachronistisch te formuleren, dat
de wereld 'maakbaar' was. Al tijdens de Franse
Revolutie, en grotendeels natuurlijk vanwege
de ontsporing van die Revolutie, werden er
allerlei bezwaren tegen deze maakbaarheids-
gedachte geformuleerd. Sommige tegenstanders
van de Franse Revolutie geloofden wel dat een
zekere vooruitgang mogelijk was, maar dat die
langzaam en organisch tot stand zou moeten
komen. Anderen geloofden dat de zondigheid
van de mens bij voorbaat alle vooruitgang
onmogelijk maakte. De cultuurpessimisten zijn
altijd tussen die twee polen op en neer blijven

pendelen. Van groot belang voor de traditionele cultuurkritiek is een holistische cultuur-
opvatting, dat wil zeggen dat de cultuur als
een levend organisme wordt beschouwd zoals
bijvoorbeeld het menselijk lichaam. Dat betekent
dat alle aspecten van de cultuur een onderlinge samenhang vertonen en bovendien dat
de cultuurkritiek ruim gebruik kan maken van
metaforen die ontleend zijn aan de terminologie
waarmee levende wezens worden beschreven.
Zo kan een cultuur ziek en gezond zijn, jong en
oud, vitaal en in verval. Dat soort beeldspraak
is ten dele onvermijdelijk, maar wel buiten-
gewoon misleidend, al was het maar omdat een
cultuur evident geen levend organisme is en
dus niet alle aspecten van die cultuur een
onvermijdelijke onderlinge samenhang vertonen.

Hoe merkwaardig dit na het voorgaande
ook moge klinken, toch moet er op gewezen
worden dat veel cultuurpessimisten diep in hun
hart optimisten zijn, gelovers in de maakbaar-
heid. Zij hopen eigenlijk dat hun pessimisti-
sche beschouwingen therapeutische effecten
zullen hebben en dat hun zwartgallige voor-
spellingen *self-denying prophecies* zullen zijn.

Dat het cultuurpessimisme niet alleen een
historisch, maar ook een algemeen menselijk
fenomeen is, hangt samen met de levenscyclus
van de mens. In de eerste twintig levensjaren
internaliseert de mens een set van normen
en waarden. Dat zijn ten dele de normen en
waarden van de opvoeders en ten dele die van
de zogenaamde *peergroup*, vrienden en
kennissen van de eigen leeftijd. Gedurende een
aantal jaren beschikt de mens nog wel over
de geestelijke flexibiliteit om deze normen en
waarden aan te passen aan de veranderende
omstandigheden, maar naarmate de mens
ouder wordt, wordt dat steeds moeilijker en
ten slotte onmogelijk. In een relatief snel
veranderende samenleving heeft dat als
tragisch gevolg dat de bejaarde mens uiteindelijk nog een aantal jaren voort moet in
een samenleving waar hij niet veel van begrijpt
en waarin zijn norm- en waardenpatroon
grotendeels disfunctioneel is geworden. Bij tal
van sociaal-culturele verschijnselen leidt dit
tot vrijwel permanente kortsluiting tussen de
verschillende leeftijdsgroepen. Dat laat zich

longhaired pupils home, conservative news-
papers wrote indignant editorials about
conscripts who refused to be cropped in line
with military mores, and despairing parents
entered lengthy conflicts with their sons who
avoided the hairdresser. What would happen to
society if boys took to looking like girls? It was
the height of decadence! How could the Free
West defend itself effectively against the Red
Peril if social discipline was being so conspicu-
ously undermined? But, as always happens,
long hair became a normal phenomenon after
a couple of years, and young bank managers
also began to wear their hair long. Much to
their anger and astonishment, many (semi- and
pseudo-) hippies who once proclaimed 'better
long haired than short-sighted' became fathers
of sons who, in the nineties, decided that a
shaved head was the ultimate act of protest.
Without doubt, the sons of the skinheads of the
nineties will manage to do something with their
heads that will drive their parents to despair.
The hairstyle problem is a component of a
complaint that is eternally reiterated: the youth
is no good, is ill-mannered, and no longer
listens to sensible older people. What will
happen to society if this objectionable, slovenly
and stupid youth – this youth is always more
bovine than the previous -, which never reads
a book, ever comes to power? All these traditional complaints can be lucidly demonstrated
by girls' clothing and pop music. Parents abhor
the music that their kids rave about and the
more often they say so, the more the kids enjoy
the music. Parents and children are doing
exactly what generation dynamics demands of
them. Parents get annoyed and thus give their
children the opportunity to embark upon the
inevitable process of emancipation. This generation dynamics does have the consequence,
however, that we repeatedly believe that
cultural decay is imminent due to the incurable
decadence of the youth. Systematic socio-
scientific research invariably illustrates that the
vast majority of young people are actually
inconceivably well-behaved. Young people
yearn for a happy marriage with an amusing
and companionable partner, two children,
a comfortable house and an interesting job
where money is not the most important

criterion. It's all so calm and decent that you
could almost long for a genuinely dissipated
and decadent youth.

Anyone who spends a week watching television in the Netherlands – although there
is little difference elsewhere – reaches the
inevitable conclusion that the decline of values
and norms is practically unstoppable. In the
politically extraordinary year of 2002, values
and norms were the focal point of much
debate, and the government commissioned a
study with the aim of clarifying ways in which
values and norms could be restored. There are
indeed clear indications that, in all kinds of
settings, social manners tend to be rather
unpleasant, as is often the case in traffic and
in nightlife establishments, for example.
Nevertheless, it would appear to be unwise
to dramatize this development. The above-
mentioned decent conduct that was observed
among most young people also applies to the
vast majority of adults: people lead respectable,
conventional lives and do not crave anything
else. The media have a habit of regarding
developments and incidents that occur in the
margins of society as being indicative of the
whole of society, for the simple reason that
they have an interest in making the news as
exciting as possible. Opinion polls indicate that
there is a striking discrepancy between the
perception that average citizens have of their
own lives and their perception of society,
inasmuch as this is not the result of their
own experience but the result of the image
presented by the media. In such studies, most
citizens turn out to be exceptionally content
with their own lives and their contacts with
friends and acquaintances in their direct social
environment, but are gloomy about general
social developments. This discrepancy gives
occasion to put into perspective all the oppressive complaints about the decline of society.

The fact that many renowned middle-aged
intellectuals are currently so despondent about
the evolution of culture and society can probably be explained by their age and the historical
developments in period between the 1950s and
the present day. Taking their age into account,

het simpelst demonstreren aan de hand van
zulke betrekkelijk onschuldige fenomenen als
haardracht en kleding.

In de jaren zestig lieten rebelse jonge mannen
hun haar groeien. Hoewel niemand daar enige
last van had, behalve de jonge mannen zelf,
veroorzaakte dat lange haar een ongemene
hoeveelheid maatschappelijke opwinding.
Dat kwam omdat het lange haar door alle
partijen werd opgevat als een daad van protest.
Schooldirecteuren stuurden langharige leerlingen naar huis, behoudende kranten
schreven verontwaardigde commentaren over
dienstplichtigen die weigerden zich te laten
millimeteren volgens de militaire mores en
wanhopige ouders gingen langdurig de
confrontatie aan met hun zonen die niet naar
de kapper wilden. Waar moest het met de
samenleving heen als jongens er als meisjes
uitzagen? Dit was de decadentie ten top! Hoe
kon het Vrije Westen zich effectief verdedigen
tegen het communistische gevaar als de
maatschappelijke discipline zo evident werd
uitgehold? Zoals dat altijd gaat, werd het lange
haar na een paar jaar een normaal verschijnsel
en gingen ook jonge bankdirecteuren hun
haar wat langer dragen. Wie schetst de woede
en verbijstering van de vaders die in de jaren
zestig hadden gedacht dat je 'beter langharig
dan kortzichtig' kon zijn, toen hun rebelse
zonen in de jaren negentig besloten dat een
volkomen kaal geschoren hoofd de ultieme
daad van protest was. Ongetwijfeld zullen de
zonen van de kale gabbers van de jaren negentig
in de naaste toekomst iets met hun hoofd
weten te doen wat hun ouders wanhopig stemt.
Het haardrachtprobleem is onderdeel van een
klacht die al eeuwen klinkt: de jeugd deugt
niet, de jeugd is brutaal en wil niet meer naar
de verstandige ouderen luisteren. Waar moet
het met de samenleving heen als deze on-
hebbelijke, slordige en domme jeugd – deze
jeugd is altijd dommer dan de vorige – die
nooit meer een boek leest, het ooit voor het
zeggen krijgt? Al deze traditionele klachten
kunnen ook fraai gedemonstreerd worden aan
de hand van meisjeskleding en jeugdmuziek.
Ouders verafschuwen de muziek waar hun
kinderen mee dwepen en hoe vaker ze dat
zeggen des te mooier hun kinderen die muziek

vinden. Ouders en kinderen doen in feite
precies wat de generatiedynamiek van hen
vraagt. De ouders ergeren zich en geven zo
hun kinderen de kans aan het onvermijdelijke
proces van verzelfstandiging te beginnen.
Deze generatiedynamiek heeft echter wel tot
gevolg dat we steeds weer denken dat de
culturele ondergang, vanwege de ongenees-
lijke decadentie van de jeugd, aanstaande is.
Systematisch sociaal-wetenschappelijk onderzoek toont onveranderlijk aan dat het overgrote
deel van de jeugd van een werkelijk onwaar-
schijnlijke braafheid is. De jongeren willen een
gelukkig huwelijk met een humoristische en
kameraadschappelijke partner, twee kinderen,
een doorzonwoning en een interessante baan
waar het hun niet primair om het geld gaat.
Het is allemaal zo kalm en braaf dat je haast
zou verlangen naar een werkelijk losbandige
en decadente jeugd.


Wie in Nederland – maar in het buitenland is
het niet anders – een weekje televisie kijkt,
komt onvermijdelijk tot de conclusie dat het
verval van normen en waarden nauwelijks
nog te stoppen is. Ook in het merkwaardige
politieke jaar 2002 stonden de normen en
waarden in het centrum van de belangstelling
en de regering verordonneerde een studie die
duidelijk moet maken hoe de normen en
waarden weer hersteld kunnen worden. Er zijn
inderdaad duidelijke indicaties dat in allerlei
situaties, te denken valt aan het verkeer en het
uitgaansleven, de omgangsvormen niet aangenaam zijn. Toch lijkt het niet verstandig deze
ontwikkeling te dramatiseren. Wat hierboven
al werd gesignaleerd voor de jongeren, geldt
ook nog steeds voor het overgrote deel van de
volwassenen: men leidt een braaf burgerlijk
leven en wenst niet anders. De media hebben
de neiging ontwikkelingen en incidenten die
zich voordoen in de marge van de samenleving
als maatgevend te beschouwen voor de gehele
samenleving, om de eenvoudige reden dat zij
er belang bij hebben het nieuws zo opwindend
mogelijk te maken. Dat er een opmerkelijke
discrepantie bestaat tussen de perceptie die
de modale burger van zijn eigen leven heeft en
zijn perceptie van de samenleving, in zoverre
die niet het resultaat is van eigen waarneming

these intellectuals are beginning to lose
their mental flexibility, as mentioned above.
In addition, they grew up in the fifties, when
Dutch society was still explicitly hierarchically
ordered, when the cultural elite was much
more dominant than is currently the case,
and when there was no mention of the strong
individualization that has made all citizens
much more assertive. However, a yearning for
the peace and purported security of the fifties
is absurd. Here, too, there is a desire to
combine the attractive elements of the fifties
with the much greater prosperity of the present
day. This is a vain hope. The advantages of
the fifties are inextricably linked to the
disadvantages, and that also applies to our
own day and age.

In an extremely prosperous, relatively
well-ordered and peace-loving society such
as that in the Netherlands, cultural pessimism,
with its lamentations about decadence and
decline, is more of an indolent intellectual
attitude that a useful analytical instrument.
Cultural optimism, for that matter, is equally
misleading.

maar van het beeld dat de media geven, blijkt
uit opinieonderzoek. In dergelijk onderzoek zijn
de burgers bijzonder tevreden over hun eigen
leven en over hun contacten met vrienden en
kennissen in de directe leefomgeving, maar
zeer somber gestemd over de algemene maatschappelijke ontwikkeling. Die discrepantie
geeft aanleiding de zwaarwichtige klachten
over het verval der beschaving enigszins te
relativeren.

Dat veel spraakmakende intellectuelen van
middelbare leeftijd op dit moment zo somber
zijn gestemd over de ontwikkeling van cultuur
en samenleving, kan wellicht ook verklaard
worden uit hun leeftijd en de historische
ontwikkelingen in de periode tussen de jaren
vijftig en nu. Gezien hun leeftijd beginnen
die intellectuelen, zoals eerder gesignaleerd,
hun geestelijke flexibiliteit te verliezen. Zij zijn
bovendien opgegroeid in de jaren vijftig, toen
de Nederlandse samenleving nog uitgesproken
hiërarchisch was geordend, de culturele elite
veel dominanter was dan nu en van de sterke
individualisering, die vrijwel alle burgers veel
assertiever heeft gemaakt, nog geen sprake
was. Het verlangen naar de rust en veronder-
stelde geborgenheid van de jaren vijftig is
echter onzinnig. Ook hier weer is de wens de
aantrekkelijke kanten van de jaren vijftig te
combineren met de veel grotere welvaart van
nu. Dat zit er echter niet in. De voordelen van
de jaren vijftig komen in combinatie met de
nadelen en dat geldt ook voor onze eigen tijd.

In een zeer welvarende, relatief goed geordende en vredelievende samenleving als de
Nederlandse is het cultuurpessimisme, met zijn
gejammer over decadentie en verval, meer een
gemakzuchtige intellectuele houding dan een
nuttig analytisch instrument. Cultuuroptimisme
is overigens even misleidend.

CRITICAL

KRITISCH

Blurring and degeneration, aggression and vandalism, excess and nausea, anorexia and bulimia, isolation and dissatisfaction. Tableware as the vehicle for social criticism with ironic comments on the decadent excrescences of our times.

## 59  Richard Notkin

Chicago, Illinois, USA, 1948
left: *Stacked Crates Teapot*, 2002, stoneware, h. 25 cm, w. 15.6 cm, right: *Cube Skull Teapot*, 2001, stoneware, h. 13 cm, w. 15 cm, courtesy of Garth Clark Gallery, New York

The teapots offer criticism on the dubious world political situation and the ensuing risky military ventures. Notkin causes us to shiver at the thought of nuclear weapons and points to the threatening danger of nuclear power.

## 60  Marlene Dumas

Kuilsrivier, Cape Town, South Africa, 1953
*Collective Guilt*, 1988, issue 113/250, commissioned by the Amsterdam Chamber of Commerce via Museum Fodor, porcelain with photographic screen print, dinner plate Ø 26.5 cm, cup Ø 7.5 cm, realization by Royal Mosa BV Maastricht, from the collection of the Princessehof Leeuwarden

With this service, Dumas raises the issue of the world food supply. The continent of Africa pushes the 'last morsels' out between its legs. Dumas portrays herself on the back of the plate, vomiting due to an excess of food.

## 61  Caroline Bärtling

Aachen, Germany, 1976
*Ever wished. . .*, 2003, treated porcelain with glaze, Ø 24.5 cm

By depicting the scratches of a fork or a scraping spoon in the still-soft porcelain of an existing Viennese dinner service, Bärtling presents in a symbolic manner the decline of the happy family structure and the emergence of the present-day patchwork family. By means of the subtle yet belligerent scratches, she expresses the notion that family wounds and heartbreaking memories are suppressed even at the most beautifully set table.

## 62  Anne Kraus

Short Hills, New Jersey, USA, 1956-2003
left: *To See the Invisible Basket*, 1990, hand-painted whiteware, h. 9 cm, w. 27.5 cm, right: *Family Dinner Bread Basket*, 1992, h. 9 cm, w. 20.5 cm, hand-painted whiteware, courtesy of Garth Clark Gallery, New York.

The narrative representations that Kraus paints on the earthenware deal with the delicate balance between reality and the uncertainty that permanently haunts humanity.

## 64  Tony Michels

Lier, Belgium, 1978
*Modern Primitive Branding*, 2002, prototype, unfired stoneware, h.12.5 cm, w.16 cm

The knuckle-duster that functions as a handle for a beer mug refers to the increasing aggression in youth culture.

## 65  Silke Wolter

Berlin, Germany, 1969
*The Value of Gold*, 1999, stoneware and gold glaze, plate 27.5 x 18.5 cm, cup h. 4 cm, Ø 7 cm

The ceramist makes moulds of the unimaginative synthetic tableware from which all the children and health patients in the former DDR were forced to eat. It is a laborious procedure: a mould for plastic is simply not suited to making ceramic objects. Here, wafer-thin three-compartment plates were ultimately created in stoneware and coated with gold glaze. The whole effort was geared to making *The Value of Gold* available to everyone.

## 66  Marcel Wanders

Boxtel, the Netherlands, 1963
*Nothing New!*, 2003, Friesian yellow clay with tin glazing, hand-painted with transfers, plates Ø 14-36 cm, currently on the production line of Koninklijke Tichelaar Makkum

In *Nothing New!* Wanders plays unrestrainedly with decoration. He is not ashamed of using his own portrait as a clown in the ever-repeating motif. The designer encourages the user of his service to combine different patterns. Ironically enough, he deploys the manifesto of one of the major founders of modernism as an ornament.

collective guilt
origi
your dream
you drink
the tears
from my eyes
from my breasts
the wine from my belly

HOW CAN I
EXPLAIN
THE ATTRACTION
Pause a Moment The
CYRIL KNOWS
HE IS DYING

UPON A BIG MEETING
OF PSYCHIC PEOPLE
ON THIS HILL

VORTRAG
VERANSTALTET VOM AKAD.
ARCHITEKTEN VEREIN.

ADOLF LOOS:
ORNAMENT
UND
VERBRECHEN.

FREITAG, DEN 21. FEBRUAR 1913.
½8ᵁ ABENDS IM FESTSAAL DES
ÖSTERR. ING. U. ARCH. VEREINES,
I. ESCHENBACHGASSE 9.
KARTEN ZU 5, 4, 3, 2, 1 K
BEI KEHLENDORFER.
12. MÄRZ:
MISS LEVETUS: ALTENGL. KATHEDRALEN.
MITTE MÄRZ:
DR. HABERFELD: ÜBER ADOLF LOOS.

Vervlakking en verval, agressie en vandalisme, overdaad en walging, anorexia en boulimia, vereenzaming en ontevredenheid. Serviesgoed als drager van maatschappijkritiek met een ironisch commentaar op de decadente uitwassen van onze tijd.

**59 Richard Notkin**

Chicago, Illinois, Verenigde Staten, 1948

links: *Stacked Crates Teapot*, 2002, steengoed, h. 25 cm, br. 15,6 cm, rechts: *Cube Skull Teapot*, 2001, steengoed, h. 13 cm, br. 15 cm, courtesy Garth Clark Gallery, New York

De theepotten leveren kritiek op de dubieuze wereldpolitiek en de daaruitvolgende riskante militaire avonturen. Notkin laat ons huiveren van nucleaire wapens en wijst op de dreigende gevaren van kernenergie.

**60 Marlene Dumas**

Kuilsrivier, Kaapstad, Zuid-Afrka, 1953

*Collective Guilt*, 1988, oplage 113/250, in opdracht van de Kamer van Koophandel Amsterdam via Museum Fodor, porselein met fotografische zeefdruk, dinerbord Ø 26,5 cm, kopje Ø 7,5 cm, uitvoering Royal Mosa BV Maastricht, collectie Princessehof Leeuwarden

Op dit servies stelt Dumas de wereldvoedselproblematiek aan de orde. Het continent Afrika perst tussen zijn benen het 'laatste voedsel' uit. Op de achterkant beeldt Dumas zichzelf af, kotsend door een overmaat aan voedsel.

**61 Caroline Bärtling**

Aken, Duitsland, 1976

*Ever wished…*, 2003, bewerkt porselein met glazuur, Ø 24,5 cm

Door de krassen van een prikkende vork of schrapende lepel in het nog zachte porselein van een bestaand Weens servies weer te geven, toont Bärtling op symbolische wijze het verval van de gelukkige gezinsstructuur en het ontstaan van het hedencaagse patchworkgezin. Met de subtiele, maar agressieve krassen geeft zij uitdrukking aan het feit dat aan de mooist gedekte tafel familiewonden en verscheurende herinneringen worden verzwegen.

**62 Anne Kraus**

Short Hills, New Jersey, Verenigde Staten, 1956-2003

links: *To See the Invisible Basket,* 1990, handbeschilcerd aardewerk, h. 9 cm, br. 27,5 cm, rechts: *Family Dinner Bread Basket*, 1992, h. 9 cm, br. 20,5 cm, handbeschilderd aardewerk, courtesy Garth Clark Gallery, New York

De ve-halende voorstellingen die Kraus op aardewerk schildert gaan over het psychologisch wankele evenwicht tussen de realiteit en de onzekerheid waaraan de mens voortdurend is overgeleverd.

**64 Tony Michels**

Lier, België, 1978

*Modem primitive branding*, 2002, prototype, ongebakken steengoed, h.12,5 cm, br.16 cm

De boksbeugel als handvat van een bierpul verwijst naar de toenemende agressie in de jongerencultuur.

**65 Silke Wolter**

Berlijn, Duitsland, 1969

*The Value of Gold*, 1999, steengoed en goudglazuur, bord 27,5 x 18,5 cm, kopje h. 4 cm, Ø 7 cm

De keramiste maakt mallen van het fantasieloze kunststoffen serviesgoed, waarvan alle kinderen en zieken in het voormalige Oost-Duitsland gedwongen werden te eten. Een omslachtige procedure: de vorm van een mal voor plastic is nu eenmaal niet geschikt voor keramiek. Uiteindelijk ontstaan er flinterdunne drievaksborden in steengoed, met goudglazuur bedekt. Dit alles om *the Value of Gold* aan iedereen ter beschikking te stellen.

**66 Marcel Wanders**

Boxtel, Nederland, 1963

*Nothing New!*, 2003, Friese gele klei met tinglazuur, handbeschilderd en transfers, borden Ø 14-36 cm, in productie bij Koninklijke Tichelaar Makkum

In *Nothing New!* speelt Wanders in alle vrijheid met decoratie. Hij schroomt niet om daarbij de repeterende afbeelding van zijn eigen portret als clown te gebruiken. De ontwerper moedigt de gebruiker van zijn servies aan om verschillende dessins te combineren. Zelfs het manifest van een van de belangrijkste grondleggers van het modernisme gebruikt hij ironisch genoeg als ornament.

# Ingrained Passion
# Tegendraadse passie
Frans Haks

Frans Haks is an art historian and is a former Director of the Groninger Museum.

Frans Haks is kunsthistoricus en voormalig directeur van het Groninger Museum.

1  Rudi Fuchs (erstwhile director of the Stedelijk Museum in Amsterdam), interviewed by Abigail R. Esman in: *Vervulde verlangens. gesprekken over kunst in onze tijd* ('Satisfied Longings: Discussions on Art in our Times'), Amsterdam 1997, p. 124.

2  This contribution is a revised version of the article 'Waar dédain toe leiden kan' ('Where dédain can lead to'), *Maatstaf* 46 (1998) 3, pp. 57-64. Furthermore, use has been made of the following literature: Th. van Baaren, *Wij mensen, Religie en wereldbeschouwing bij schriftloze volken*, Utrecht 1960; E. H. Gombrich, *The Sense of order, a study in the psychology of decorative art*, Oxford 1979; the translation of J.-K. Huysmans' *A Rebours* by J. Siebelink appeared in *De Dandy*, published to accompany the exhibition *De Dandy - mode, kunst en literatuur* (The Dandy - fashion, art and literature) in Museum Het Paleis, The Hague, 1997.

1  Rudi Fuchs (destijds directeur van het Stedelijk Museum Amsterdam) in gesprek met Abigail R. Esman in: *Vervulde verlangens. gesprekken over kunst in onze tijd*, Amsterdam 1997, p. 124.

2  Deze bijdrage is een aangepaste en herziene versie van het artikel 'Waar dédain toe leiden kan', *Maatstaf* 46 (1998) 3, pp. 57-64. Bovendien is gebruik gemaakt van de volgende literatuur: Th. van Baaren, *Wij mensen, Religie en wereldbeschouwing bij schriftloze volken*, Utrecht 1960; E.H. Gombrich, *The Sense of order, a study in the psychology of decorative art*, Oxford 1979; de vertaling van J.-K. Huysmans' *A Rebours* door J. Siebelink is gepubliceerd in *De Dandy*, uitgegeven bij de tentoonstelling *De Dandy - mode, kunst en literatuur* in Museum Het Paleis, Den Haag 1997.

Des Esseintes, the protagonist in Joris-Karl Huysmans' novel *A Rebours* (Against the Grain), published in 1884, classifies flowers into various sorts and allots them to the different social classes. He regards carnations as flowers for the poorer districts or slums because they are at their most advantageous on the window-sill of an attic room. Roses in porcelain vases suit the middle classes. His own preference gradually alters in the course of time. Initially, he favours orchids because they are exotic and rare. He even sees them as aristocratic because they have to be cultivated with much ingenuity and dedication in a tropical climate artificially created by carefully administered doses of warmth. His fondness for artificiality subsequently begins to dominate his affections, and copies of flowers, implemented in rubber, wire, printed cotton, paper and velvet take his fancy. Artificial flowers fascinate him because they retain the condition in which he acquired them: withering flowers exist eternally without having to die. In the last stages of his life, Des Esseintes unites his two great passions: living flowers that resemble artificial flowers now take preference.

**Decadent: between conceit and degeneration**

Huysmans typifies his main character as a man who goes his own way without heeding the reactions of others. This is one of the features of decadence as described in the Italian Zingarelli dictionary, published in 1988: *Decadentismo* is an art movement in Europe at the end of the nineteenth and the beginning

Des Esseintes, de hoofdfiguur in de roman *A Rebours* (*Tegen de keer*) uit 1884 van Joris-Karl Huysmans, deelt bloemen in soorten in en bestemt ze voor de verschillende maatschappelijke lagen. Anjelieren rekent hij tot de achterbuurt- of krotbloemen omdat hij die het beste vindt staan op de vensterbank van een zolderkamertje. Rozen in porseleinen vazen vindt hij geschikt voor de middenklasse. Zijn eigen voorkeur verandert in de loop van de tijd. Aanvankelijk prefereert hij orchideeën omdat die uit verre landen komen en zeldzaam zijn. Hij vindt ze zelfs aristocratisch omdat ze met veel vernuft en toewijding gekweekt moeten worden in een tropisch klimaat, dat kunstmatig wordt verkregen door minutieus gedoseerde overwarmte in kassen. Daarna overheerst zijn neiging tot het kunstmatige en verkiest hij kopieën van levende bloemen, uitgevoerd in rubber en draad, bedrukt katoen, papier en fluweel. Kunstbloemen fascineren hem omdat ze de staat behouden waarin hij ze verwerft: wegkwijnende bloemen blijven hun hele bestaan kwijnen zonder ooit te hoeven sterven. In de laatste fase van zijn leven verenigt Des Esseintes zijn twee passies en gaat zijn voorliefde uit naar levende bloemen die eruitzien als kunstbloemen.

**Decadent: tussen eigenwijs en verval**

Zo typeert Huysmans zijn hoofdfiguur als een man die zijn eigen weg gaat zonder zich iets van de reacties van anderen aan te trekken. Dit is een van de eigenschappen van decadentie zoals deze beschreven staat in de Italiaanse dictionaire Zingarelli uit 1988: *Decadentismo* is

of the twentieth century, characterized by
a distinct feeling for the individual, the sub-
conscious, and the unknown. Another feature
is the distrust of all things positive and realistic,
while yet another is the demand for new and
unknown elements in the various branches
of art.

These descriptions contrast with what
the Dutch Van Dale dictionary states in the
1884 edition, the year in which Huysmans
published his novel. There, *decadence* is
referred to as *decline, gradual deterioration*.
The presentation of decadence as decline,
particularly moral decline, fits into a long
tradition in which 'we' and 'our norms'
deviate from those of 'others'.

## Antipathetic distinction between ourselves and the others

The Greeks had the word 'barbarians' for
people other than themselves, while Plato
proclaimed that these barbarians were no
better than animals. The Romans went even
further: they prohibited marriage between
Romans and barbarians, on penalty of death.

With the advent of Christianity, a new kind
of hostility appeared. Christians referred to
non-Christians as 'heathens'. This was the
embryo of aggression against dissenters,
which grew to maturity from the fourth century
onwards when Christianity became the official
state religion. To celebrate the liturgy, a new
type of building became necessary. The solution
was as simple as it was rigorous, as we can still
recognize in the Santa Maria sopra Minerva,
a church devoted to the Virgin Mary, erected
on the shrine of Minerva in Rome. The Roman
Catholic Church has continued to apply this
principle of declaring an existing religion
heathen and therefore hostile. It has pursued
the destruction of the corresponding culture,
re-deploying any components thus acquired
for its own ends. A well-known example is the
Santa Maria Maggiore in Rome, a basilisk
dating from the fourth century with a nave
flanked on both sides by columns originating
from a Roman monument.

History repeated itself with the advent
of the Reformation. During the iconoclasm,
Catholic churches were plundered, decorations
in the form of statues were smashed, and the
interiors were 'adjusted' to Protestant requirements. The original Catholic interior of the Dom
Cathedral in Utrecht, for example, was ravaged
for its Protestant remake.

Much cultural heritage has been lost in this
way, not only in Western countries but also in
the so-called 'missionary regions'. An impression
of this development can be gained from the
mission museum, a section of the Vatican
Museum in Rome, where gods and goddesses
from all points of the compass are displayed –
from China and Japan to Africa. In the course
of time, these have assumed the features
of Jesus, Mary, and the saints. Here, with a
certain amount of pride, Christian aggression,
presented under the guise of missionary work,
has degraded all non-Western gods to false
idols. The result is generally accepted: Western
art is displayed in art galleries while non-Western art is shown in ethnological or mission
museums.

een artistieke stroming in Europa aan het eind van de negentiende en het begin van de twintigste eeuw die wordt gekenmerkt door een scherp gevoel voor het individuele, het onderbewuste en het onbekende. Een andere karakteristiek is de argwaan tegen het positieve en realistische en weer een andere is de eis van het absoluut nieuwe en onbekende in de verschillende takken van kunst.

Deze omschrijvingen contrasteren met wat onze Nederlandse Van Dale te melden heeft in de editie van 1884, het jaar waarin Huysmans zijn roman publiceerde  Daar staat: *Decadentie, verval, trapsgewijze vermindering*. Het presenteren van decadentie als verval, en vooral als verval van zeden, past in een lange traditie, waarin 'wij' en 'onze normen' afwijken van die van 'anderen'.

### Vijandig onderscheid tussen 'wij' en 'de anderen'

De Grieken bedachten het woord 'barbaren' voor andere volkeren dan zijzelf en Plato verkondigde dat deze barbaren niet beter dan beesten waren. De Romeinen gingen nog een stapje verder: zij verboden het huwelijk tussen Romeinen en barbaren en zetten de doodstraf op overtreding van deze wet.

Met de opkomst van het christendom verscheen een nieuw soort vijandigheid. Niet-christenen werden door christenen 'heidenen' genoemd. Zo is de kiem gelegd voor agressie tegen andersdenkenden, die volledig tot ontwikkeling kwam vanaf het begin van de vierde eeuw toen het christendom werd verheven tot staatsgodsdienst. Om de liturgie te vieren was een nieuw type gebouw nodig. De oplossing was even simpel als rigoureus, zoals we nog altijd kunnen zien in de Santa Maria sopra Minerva in Rome, een kerk gewijd aan Maria, die boven op het heiligdom van Minerva is gebouwd. Dit principe, het heidens en dus vijandig verklaren van een bestaande godsdienst, het verwoesten van de daarbij behorende cultuur en de zo verkregen onderdelen hergebruiken tot eigen nut, is de rooms-katholieke kerk altijd blijven toepassen. Een bekend voorbeeld is de Santa Maria Maggiore in Rome, een basiliek uit de vierde eeuw met een middenschip dat aan twee kanten geflankeerd wordt door zuilen die van een Romeins monument afkomstig zijn.

De geschiedenis herhaalde zich met de komst van de reformatie. Tijdens de beeldenstorm werden katholieke kerken geplunderd, decoraties in de vorm van beelden kapot geslagen en de interieurs 'aangepast' aan reformatorische eisen. Zo is het oorspronkelijke katholieke interieur van de Domkerk in Utrecht verwoest omwille van de protestantse herinrichting.

Op deze manier is er veel aan cultuur verloren gegaan, niet alleen in de westerse landen maar ook in de zogenoemde missiegebieden. Een indruk van de laatste categorie is te vinden in het missiemuseum, een onderdeel van het Vaticaans museum in Rome. Daar staan goden en godinnen uit alle windstreken opgesteld – van China, Japan tot Afrika – die op den duur allemaal de trekken hebben gekregen van Jezus, Maria en de heiligen. Met trots wordt hier getoond hoe christelijke

## Hostility within the arts

No topic within art has been so hotly disputed as the use of ornament. Supporters and opponents vilify one another, and each group would love to reduce its rivals to shards if that were possible without loss of dignity. In this field, aggression knows no boundaries and the controversy is as old as Western civilization. A second dip into history is needed to illustrate this.

Socrates instructed his students to be wary of attractive methods of presentation because they could distract from the content of the discourse. Cicero refers to a ship's sides, the bows, the stern, the sails and the mast. They furnish so much visual pleasure because the forms are functional.

Throughout the whole of history, emphasis has been placed on the significance of useful forms. Vitruvius, for example, condemned the application of decoration. In his day, he encountered figures borne by 'stalks' instead of columns. He wrote: 'Such things do not exist, have never existed and will never exist … How can a slender or soft, thin stalk support a sitting figure?'

We find a completely different idea in the report of abbot Suger on the renovation of the Abbey of St Denis in the twelfth century. He describes how, on seeing a reliquary set with jewels, his spirit is drawn from the material world to the spiritual world. Suger's report is an important written source that articulates what must have been universally accepted in Christian art of the Middle Ages. Shining metal covered with precious stones as a metaphor for the divine.

Diametrically opposed to this, there is the view of the fifteenth-century architect, Leone Battista Alberti, who condemns the application of gold and ornamentation. Uttering quotes from Plato and Cicero, he pleads for the use of white walls in rooms that are reserved for worship.

Boccaccio praises the work of Giotto, adding new arguments. In his painting, Giotto no longer attempts to please the foolish, as had been the *modus vivendi* for years, but fires the intellect of the well-bred.

In the sixteenth and seventeenth centuries, this distinction led to an antithesis between vulgar and noble. Certain forms were called 'vulgar' because they were pleasing to the illiterate, whereas others were regarded as being noble because they could only be valued by people with well-developed taste. Thus, garish colours, obtrusive clothes, and strong language in conversation detract from decorum and attest to bad taste.

It is only one small step further to associate bad taste with bad people, as happened in Germany in the middle of the eighteenth century. A certain Reiffstein wished to demonstrate how awful French rococo was. Mentioning Vitruvius in his arguments, he also wrote: 'Is it coincidence that the artists who designed that [style] all have strange names? The decline of good taste among our neighbours corresponds to a decline in manners and civility.'

agressie onder het mom van missionering alle niet-westerse goden tot afgoden heeft gedegradeerd. Het gevolg is algemeen aanvaard: westerse kunst wordt getoond in kunstmusea en niet-westerse kunst in volkenkundige of missiemusea.

**Vijandigheid in de kunst**

Er is geen onderwerp in de kunst waarover zo veel is geruzied als over het gebruik van ornament. Voor- en tegenstanders vliegen elkaar in de haren, verketteren elkaar en zouden geen spaan van elkaar heel laten als dat zonder gezichtsverlies zou kunnen. Ook op dit terrein kent de agressie geen grenzen en is de controverse zo oud als de westerse beschaving. Een tweede terugblik is nodig om dat aan te tonen.

Socrates hield zijn leerlingen al voor dat zij op hun hoede moesten zijn voor mooie vormen van voordracht, omdat die de aandacht van de inhoud zouden kunnen afleiden. Cicero wijst op de flanken van een schip, op de boeg, de achtersteven, de zeilen en de mast. Die verschaffen zo veel visueel genoegen omdat de vormen nuttig zijn.

De hele geschiedenis door wordt gehamerd op het belang van nuttige vormen. Vitruvius bijvoorbeeld veroordeelt het gebruik van decoraties. In zijn tijd treft hij in plaats van zuilen stengels aan waarop figuurtjes zitten en schrijft: 'Zulke dingen bestaan niet, hebben niet bestaan en zullen niet bestaan... Hoe kan een rank of een zachte dunne stengel een zittende figuur dragen?'

Een geheel andere opvatting vinden we in het verslag van abt Suger uit de twaalfde eeuw over de renovatie van de abdij St. Denis. Hij beschrijft hoe zijn geest, bij het zien van een reliquiarium bezet met edelstenen, van de materiële naar de spirituele wereld wordt getrokken. Sugers verslag is een belangrijke schriftelijke bron die verwoordt wat algemeen geldig moet zijn geweest in de christelijke kunst van de Middeleeuwen. Glanzend metaal bedekt met kostbare stenen als metafoor van het goddelijke.

Lijnrecht hiertegenover staat de mening van architect Leone Battista Alberti in de vijftiende eeuw. Hij veroordeelt het gebruik van goud en pleit met citaten van Plato en Cicero in de hand voor gebruik van witte wanden in ruimtes die bestemd zijn voor de eredienst.

Boccaccio prijst het werk van Giotto aan en komt met nieuwe argumenten. Giotto probeert in zijn schilderkunst niet meer de dommen te behagen, zoals eeuwenlang is gebeurd, maar speelt in op het intellect van de welopgevoeden.

Dit onderscheid leidde in de zestiende en zeventiende eeuw tot de tegenstelling vulgair en edel. Bepaalde vormen worden vulgair genoemd omdat ze de ongeletterden welgevallig zijn, terwijl andere als edel worden beschouwd omdat ze uitsluitend gewaardeerd kunnen worden door mensen met een ontwikkelde smaak. Dus, felle kleuren, opvallende kleren en krachttermen in de conversatie doen afbreuk aan het decorum en getuigen van slechte smaak.

Het is nog maar één stap verder om slechte smaak met slechte mensen te associëren en dat gebeurt in het midden van de achttiende

This information on the changing appraisal of ornamentation down through the years has been taken from *The sense of order* by E.H. Gombrich, 1979. He denounces not only the designers, but those who praise, propagate, or even like ornamentation also have to bear the brunt of his scorn.

Gombrich rounded off his historical retrospective at the end of the nineteenth century, but the use of decoration remained an issue throughout the entire twentieth century. While the floral branch of Art Nouveau richly flourished in Nancy, the architect Adolf Loos proclaimed his 'Ornament als Verbrechen' (Ornament as Crime) in Austria. The austerity of De Stijl and the Bauhaus contrasted with the sculptural, organic forms of the Amsterdam School. The geometry of Minimal Art was followed by American 'Pattern & Decoration', while 'Conceptual Art' followed 'Exuberance'.

In other words, whether we welcome it or not, the twentieth century has witnessed the alternation of vilification and glorification of decoration at an ever-increasing rate.

This process was clearly visible during my directorship at the Groninger Museum. Several critics, waving Alberti's bible, condemned all attention to decoration. To them, viewing art is similar to celebrating the liturgy: it ought to take place in peaceful, white rooms. This explains their abhorrence of the Museum building with its coloured walls, which they find more distasteful than a funfair or Disneyland.

One colleague, an adherent of Alberti's dogma, predicted that acquisitions in the domain of exuberance would be put out with the rubbish after my departure, while another encouraged a critic to write that he found Keith Haring coquettish: 'Perhaps that has something to do with homosexual aesthetics, if it exists, which it somehow resembles. Frans Haks is also very coquettish, just as the entire Groninger Museum: one great act of revenge on a Protestant world (...) he is a lapsed priest who subsequently discovered that he was homo-sexual (...) who revels in those glittering gewgaws (...). I find that a travesty of art.'[1]

In the eighteenth century, rococo was linked to a decline of morals; now the insinuation is that a passion for exuberance is an abnormality of queers.

**Dining decadently**

An excellent example of dining decadently can be found in the novel by Joris-Karl Huysmans with which I began this article.

'Dinner prompted by a merely temporarily deceased manhood' was printed on the invitation cards that resembled a death announcement. This dinner, served in eighteenth-century style, was a celebration of mourning. The black-draped dining room opened on to a garden that had undergone a metamorphosis especially for the occasion: the paths were strewn with charcoal, the pond had a black basalt perimeter and was filled with ink; the bowers had been replanted with cypresses and pines. The food was served on a black altar cloth, decorated with small baskets of violets and scabiosa. Chandeliers cast a green light upon the tables and candles flickered in the candlesticks.

eeuw in Duitsland door een zekere Reiffstein
die wil aantonen hoe vreselijk het Franse
rococo is. Hij vergeet niet om in zijn argumen-
tatie Vitruvius erbij te betrekken en schrijft:
'Zou het toeval zijn dat de kunstenaars die dat
ontworpen hebben allemaal vreemde namen
hebben? Het verval van de goede smaak
bij onze buren gaat samen met verval van
manieren en fatsoen.'

Deze gegevens over de wisselende waardering
voor ornamenten door de eeuwen heen heb
ik ontleend aan *The sense of order* van
E.H. Gombrich uit 1979. Niet alleen de ontwerpers
moeten het ontgelden, ook degenen die
ornamenten aanprijzen, propageren of ervan
houden, worden verketterd.

Gombrich rondt zijn historische terugblik af
aan het einde van de negentiende eeuw, maar
het gebruik van decoratie is ook in de twintigste eeuw een punt van discussie gebleven.
Terwijl in Nancy de florale tak van de art
nouveau rijkelijk bloeide, verkondigde de
architect Adolf Loos in Oostenrijk zijn 'Ornament
als Verbrechen' van de kansel. De strengheid
van De Stijl en het Bauhaus contrasteert
met de sculpturale, organische vormen van de
Amsterdamse School. De geometrie van de
Minimal Art wordt gevolgd door de Amerikaanse
'Pattern & Decoration' en op de 'Conceptual
Art' volgt de 'Exuberantie'.

Met andere woorden, leuk of niet, ergerlijk
of niet, in de loop van de twintigste eeuw
hebben verguizing en verheerlijking van
ornament elkaar steeds sneller afgewisseld.
En dat heb ik tijdens mijn directeurschap in het
Groninger Museum laten zien. Een deel van
de critici heeft dat met de bijbel van Alberti in
de hand veroordeeld. Voor hen is het bekijken
van kunst vergelijkbaar met het vieren van de
liturgie: dat moet in rustige, witte ruimtes
plaatsvinden. Dit verklaart hun afkeer van het
museumgebouw met zijn gekleurde wanden,
dat zij smakelozer vinden dan de eerste de
beste kermis of Disneyland.

De ene collega uit het Alberti-kamp heeft
voorspeld dat aankopen op het gebied van
de exuberantie na mijn vertrek met de vuilnis
meegegeven zouden worden en de ander heeft
een critica laten opschrijven dat hij Keith
Haring koket vindt: 'Dat heeft misschien ook te
maken met een homoseksuele esthetiek, als
die bestaat, waar het op lijkt. Frans Haks is ook
heel koket, net als het hele Groninger Museum:
één grote wraakneming op een protestantse
wereld (...) hij is een afvallige priester die
vervolgens ontdekte dat hij homoseksueel was
(...) die die glitterdingen echt prachtig vindt (...).
Ik vind dat een travestie in de kunst.'[1]

In de achttiende eeuw is het rococo in
verband gebracht met het verval van zeden;
nu wordt geïnsinueerd dat passie voor
exuberantie een afwijking van flikkers is.

**Decadent tafelen**
Een voorbeeld van lekker decadent tafelen is
te vinden in hetzelfde boek van Joris-Karl
Huysmans waarmee ik deze bijdrage begon.
'Diner naar aanleiding van een slechts tijdelijk
overleden mannelijkheid' stond op de uit-
nodigingskaarten die op overlijdensberichten
leken. Dit diner, opgediend in achttiende-

While a hidden orchestra played requiems, the guests were served by naked Negresses wearing only slippers and stockings of silver fabric upon which tears had been embroidered.

The guests ate from black-rimmed plates: turtle soup, Russian rye bread, ripe olives from Turkey, caviar, dried roe from the grey mullet, smoked black pudding from Frankfurt, game served in sauces the colour of liquorice and boot polish, truffle puree, amber-coloured cream bonbons, pudding, blood peaches, grape jelly, mulberries, and black cherries.

I regard this passage, based on a translation by J. Siebelink, as a perfect conclusion. It leaves the form and colour of the dinner service entirely to the imagination of the reader.[2]

eeuwse stijl, was een rouwfeest geweest. De zwart gedrapeerde eetkamer kwam uit op een tuin die voor deze gelegenheid een metamorfose had ondergaan: de paden waren met houtskool bestrooid, het vijvertje had nu een zwart basalten rand en was met inkt gevuld; de heesterplantsoenen waren opnieuw beplant met cipressen en dennen. Het eten werd geserveerd op een zwart altaardoek, versierd met mandjes viooltjes en scabiosa. Kroonluchters wierpen een groen schijnsel over de tafels en in de kandelaars flakkerden kaarsen. Terwijl een verborgen orkest rouw- marsen speelde, werden de gasten bediend door naakte negerinnen die enkel muiltjes droegen en kousen van zilverstof, waarop tranen geborduurd waren.

Men had uit zwartomrande borden gegeten: schildpadsoep, Russisch roggebrood, rijpe olijven uit Turkije, kaviaar, gedroogde kuit van de harder, gerookte bloedworst uit Frankfort, wildbraad opgediend in drop- en schoen- smeerkleurige sausjes, puree van truffels, amberkleurige roompralines, pudding, bloed- perziken, druivengelei, moerbeziën en zwarte kersen.

Deze passage, in vertaling van J. Siebelink, vind ik een mooi slot omdat vorm en kleur van het serviesgoed aan de fantasie van de lezer wordt overgelaten.[2]

# Gerrit-Jan Ninaber van Eyben
**Importer of Rosenthal porcelain**  Importeur van Rosenthal-porselein

# Karel Peeters
**Confectioner**  Chocolatier

# Johannes van Dam
**Culinary reviewer**  Culinair recensent

# Jacobus Toet
**Caviar importer**  Kaviaarimporteur

# Cees Helder
**Chef de cuisine**  Chef-kok

# Anton Moonen
**Author on culinar snobbery**  Auteur over culinair snobisme

# Nahnya barones van Voorst tot Voorst
**Specialist in etiquette and tablemanners**  Specialist in omgangsvormen en tafelmanieren

## by door Edo Dijksterhuis

Edo Dijksterhuis is a freelance journalist for *NRC Handelsblad, De Filmkrant* (editor), *Items, Smaak, Knack, JAZZ, Keramika,* and *Museumtijdschrift,* among others.

Edo Dijksterhuis is freelance journalist voor onder andere *NRC Handelsblad, De Filmkrant* (redacteur), *Items, Smaak, Knack, JAZZ, Keramika* en *Museumtijdschrift.*

## Between kitsch and chic

Gerrit-Jan Ninaber van Eyben mourns the demise of the hand-painted dinner service. 'That craftsmanship has artistic allure. There lurks an absolute charm in the irregularity of the decoration.' However, there is no market for such articles, certainly not in the Netherlands, where the outlay of much money on a dinner service still seems to be a bit of a taboo.

Nevertheless, the Benelux importer of luxury Rosenthal porcelain believes that public demand for dinner services is increasing. Social climbers are joining the group that already has a tradition of dining in style. 'These are mainly people in their thirties who are experimenting and spending lots of money in the process,' states Ninaber van Eyben. 'They enjoy quality cooking at home, tend to drink good wines, and want to have suitable table linen and spectacular glasses.'

Genuinely chic is again fashionable. Rustic 'country living' with abundant pottery and peasant colour schemes is making way for hard porcelain and bone china with modest decoration. Rims of platinum and gold are the trend, while the combination of porcelain with stainless steel is also popular. 'But there is no market for a truly decadent dinner service in these economically tight times,' Ninaber van Eyben believes. 'The entire industry is stagnating, although that's not a disaster. The larger companies currently think twice before putting something on the market. You no longer see wildly hopeful attempts as you did five or six years ago during the heydays of the stock market. At that time, designers were inclined towards excess. Extravagantly decorated dinner services were presented, with many accessories – special plates for snails and artichokes, for example. The trend is now more reserved, with more innate refinement. This is also demonstrated by the Bulgari dinner services. They are made of richly coloured expensive material without too much embellishment. Nonetheless, their elegance is apparent to all.'

The porcelain importer in The Hague distinguishes between good and bad decadence. 'Decadence is the superlative of luxury. If it becomes too kitschy – with lots of gold and whorls – it is bad decadence. But a loud pattern that has been applied in a balanced way, which does not dominate, is good decadence.'

What I also find decadent, but in a good sense, is simply having enough dinner service at home,' says Ninaber van Eyben, who has several sets in the kitchen cabinet. 'Nothing irritates me more than a table with a delightful dinner service for six, while guests number seven and eight have to eat from old plates. This kind of thing detracts from the evening. A dinner service has to be complete, even if you only use it twice a year.'

## Tussen kitsch en chic

Gerrit-Jan Ninaber van Eyben betreurt de teloorgang van het handbeschilderde servies. 'Dat ambachtelijke werk heeft een kunstzinnige uitstraling. Er zit een absolute charme in de onregelmatigheid van de decors.' Maar er is geen markt voor, zeker niet in Nederland, waar het uitgeven van veel geld voor een servies nog altijd taboe lijkt.

Toch denkt de Benelux-importeur van het luxueuze Rosenthal-porselein dat het serviespubliek groeit. De groep die van huis uit gewend is aan aangekleed tafelen, krijgt gezelschap van maatschappelijke klimmers. 'Het zijn vooral dertigers die experimenteren en veel geld uitgeven', stelt Ninaber van Eyben. 'Ze koken thuis op niveau, kopen eens een betere fles wijn en willen daar dan passend tafellinnen en spectaculaire glazen bij.'

En echte chic is weer in. Het rustieke *Country Living* met veel aardewerk en wat boerse kleurschakeringen maakt plaats voor hard porselein en bone china met ingetogen decors. Banden van platina en goud zijn bon ton, ook de combinatie van porselein met roestvrij staal is populair. 'Maar voor echt decadent servies ontbreekt de markt in deze economisch mindere tijden', denkt Ninaber van Eyben. 'De hele industrie maakt een pas op de plaats. Dat is op zich niet erg. De grotere aanbieders denken nu beter na voordat ze iets uitbrengen; je ziet geen losse flodders meer zoals een jaar of vijf, zes geleden tijdens de hoogtijdagen van de beurs. Toen neigden ontwerpers naar overbodigheid. Er werden overdadig gedecoreerde serviezen aangeboden met veel accessoires – speciale bordjes voor slakken en artisjokken bijvoorbeeld. De trend is nu ingetogener, met meer innerlijke beschaving. Je ziet het bij-voorbeeld aan het servies van Bulgari. Dat zijn rijke kleuren en dure materialen zonder overdreven te zijn. Toch druipt de chic er van af.'

De Haagse porseleinimporteur maakt onderscheid tussen goede en slechte decadentie. 'Decadentie is de overtreffende trap van luxe. Als het kitscherig wordt – veel goud en krullen – dan is het slechte decadentie. Maar een druk dessin dat zo gebalanceerd is aangebracht dat het niet overheerst, is goede decadentie.'

'Wat ik ook wel decadent vind, maar dan in de goede zin, is simpelweg genoeg servies in huis hebben', stelt Ninaber van Eyben, die zelf thuis meerdere serviezen in de kast heeft staan. 'Niets irriteert me zo als een tafel waar een feestelijk zesdelig servies op staat, maar waar gast zeven en gast acht van oude borden moeten eten. Zoiets doet afbreuk aan de avond. Een servies moet compeet zijn, al gebruik je het maar twee keer per jaar.'

## Exclusive coating

Karel Peeters does not champion European food regulations. The rule that allows bonbon manufacturers to replace cocoa butter with 'extraneous oils' is a thorn in the flesh of the confectioner. 'They are imitation products, not worthy of the name "chocolate",' he states.

He himself would never use substitutes. Harrods would never accept such a step either. The renowned London store selected the former baker from the small town of Baasrode near Dendermonde exactly because he is one of the few confectioners in Belgium to work according to the Antwerp traditions of the post-war years. His Chantelly chocolate, produced exclusively for Harrods, is made completely by hand. The ingredients are of the very highest quality and colouring is banned. 'This is the only proper way to make chocolate,' he asserts.

His manual production method enables him to create the most spectacular constructions in milk, plain, and white chocolate. His constructions include a bridge, a five-foot-long Old Timer, a brown giant football, and a gigantic Easter egg. The fact that Peeters owns the world record for chocolate creations will come as no surprise: a 920-kilo super-bonbon in the form of an eel. But even his 'normal' praline chocolates are something special, and an appropriate presentation is required here. 'It is a top product and you can't simply tender it on a piece of white paper – that doesn't do it justice. The dressing-up makes it irresistible. In that sense, attributes are essential.'

Peeters may not be directly referring to the pricey bonbon bowls of the Berlin porcelain manufacturer Hering, but a luxury ambience is certainly desired. 'At Harrods, we sometimes present our pralines in beautiful, special cups from the store itself. And if we have a demonstration in the store, the chocolate is presented on golden-glazed plates carried by white-gloved hands. The proper service factor can have a positive influence on the taste buds.'

In serving chocolate, a traditional plate is seldom used. The presentation bowl is usually sublimated into packaging. Here, too, there are class distinctions. 'Harrods often asks for only one kilo of a special bonbon, which is then assigned a very exclusive presentation,' Peeters recounts. 'But the most remarkable occasion was the three hundred kilos of chocolate roses that we packed in coloured aluminium foil, one by one, for a wedding party in Arabia. At 700 Euro per kilo, this is a self-indulgent, probably decadent order. That customer came to pick up his bonbons in his private jet.'

## Exclusief jasje

Europese voedingswetgeving heeft geen vriend in Karel Peeters. De regels die het bonbonmakers toestaan cacaoboter te vervangen door 'vreemde vetten' is de chocolatier een doorn in het oog. 'Het zijn ersatzproducten, de naam chocolade niet waardig', vindt hij.

Zelf zal hij nooit substituten gebruiken. Dat zou Harrods ook niet accepteren. Het fameuze Londense warenhuis koos juist voor de voormalige broodbakker uit het plaatsje Baasrode nabij Dendermonde omdat hij als een van de weinigen in België werkt volgens de Antwerpse tradities van vlak na de oorlog. De exclusief voor Harrods gemaakte Chantelly-chocolade is volledig met de hand geproduceerd, de ingrediënten zijn uitsluitend van de allerhoogste kwaliteit en kleurstoffen zijn taboe. 'De enige juiste wijze van chocolade maken', stelt Peeters.

Door zijn manuele productie is de Belg in staat de meest opzienbarende bouwsels uit te voeren in melk, puur en wit. Zo construeerde hij al eens een brug, een anderhalve meter lange oldtimer, een bruine reuzenvoetbal en een gigantisch paasei. Dat Peeters het wereldrecord chocoladecreatie op zijn naam heeft staan, is geen verrassing: een 920 kilogram wegende superbonbon in de vorm van een paling. Maar ook zijn 'gewone pralines' zijn iets speciaals. En daar hoort een gepaste presentatie bij. Peeters: 'Het is een topproduct en dat kan je niet zomaar aanbieden op een blanco stuk papier – dan lijkt het nog niks. De verkleding van de chocolade maakt haar onweerstaanbaar. Attributen zijn wat dat betreft onmisbaar.'

Dan heeft Peeters niet direct de peperdure bonbonschaaltjes van de Berlijnse porseleinfabrikant Hering in gedachte, maar een luxe uitstraling is zeker gewenst. 'Bij Harrods bieden we onze pralines soms aan in mooie, speciale koppen van het warenhuis. En als we een demonstratie in de winkel verzorgen dan wordt de chocolade aangeboden met wit gehandschoende handen en op goud geglazuurde bordjes. Het juiste serviesstuk kan de smaakpapillen positief beïnvloeden.'

Maar bij chocolade gaat het zelden om een traditioneel bord. De presentatieschaal is doorgaans gesublimeerd tot verpakking. En ook daarin zitten standsverschillen. 'Vaak vraagt Harrods om slechts één kilo van een speciale praline, die dan ook een heel exclusief jasje krijgt', vertelt Peeters. 'Maar het meest opmerkelijk was wel de driehonderd kilo chocoladeroosjes die we stuk voor stuk in gekleurd aluminiumfolie verpakt hebben voor een huwelijksfeest in Arabië. Voor 700 euro per kilo is dat een luxeueuze, wellicht decadente bestelling. Maar die klant kwam zijn pralines ook met zijn privé-jet ophalen.'

# Johannes van Dam

### Plate turner-over

It's always in his wallet, his membership card of the Official Plate Turner-Over Club. Johannes van Dam, renowned gourmet and culinary reviewer of *Het Parool* daily newspaper and the *Elsevier* weekly magazine, received the exclusive card from Lord Wedgwood himself.

And although Van Dam is indeed a passionate practitioner of 'the art of plate turning' – he has inspected the tableware of almost every restaurant in Amsterdam to check its features and origins – he is certainly no dinner service fanatic. The primary concern of the journalist is functionality. 'After all, that's the way it all began. Long ago you had hollows in a wooden table in which soup was served with a funnel. But people soon realized that some kind of receptacle was more convenient. Occasionally, however, people tend to lean too far the other way. It is nonsense to have a course served with seven underplates. There is no logic at all here and it's also pretty unpleasant. Moreover, dinner service ought to be used, otherwise it is merely table ornamentation.'

A wooden board for bread, facilitating the slicing process, carries Van Dam's approval, as do French plates that can be inverted after the main course to accommodate the dessert in the foot ring. In the domain of decoration, only a few items are absolutely rejected: certain shades of blue ('they have a counter-effect on one's appetite'), offensive pictures, or unsuitable decoration, such as fish on a dessert plate.

Van Dam attaches great value to the dimensions of the plate. 'Small plates are perhaps nice for the presentation but are not very handy. A diameter of 31 centimetre is ideal, preferably with a brim that is not too wide. Then you have at least some space on your plate and you can see all the individual components of the meal. I don't like towers. You have to dismantle them during the eating.'

'I would like to advocate the return of dishes and bowls. You hardly ever see them nowadays. Wherever you go, it's almost all plate service and people copy that at home. It's not practical because not everybody eats the same amount, and it ignores the social aspect of passing the dishes around. The bowl has been bowled out, as it were.'

But Van Dam also realizes that the upsurge of eating from artistically decorated plates is relentless. 'There are quite a few restaurant owners who spend a fortune on dinner services and preferably place every course on a different plate. The Dutch in particular tend toward this approach – they find the packaging more important than the content.'

### Bordendraaier

Het zit standaard in zijn portefeuille, de lidmaatschapskaart van de Official Plate Turner-Over Club. Johannes van Dam, erkend gourmet en culinair recensent van *Het Parool* en *Elsevier*, kreeg het exclusieve pasje van Lord Wedgwood in hoogst eigen persoon.

En hoewel Van Dam inderdaad een bedreven beoefenaar is van 'the art of plate turning' – van zo'n beetje elk restaurant in Amsterdam heeft hij het eetgerei geïnspecteerd op aard en herkomst – is hij zeker geen serviesfanaat. Het gaat de journalist in eerste instantie om functionaliteit. 'Zo is het per slot van rekening ook begonnen. Heel vroeger had je kuilen in de houten tafel waarin de soep met een spuit werd opgediend. Maar men kwam er al snel achter dat een of ander vat wel handig was. Soms schiet men echter ook door naar de andere kant. Een gerecht dat wordt opgediend met zeven onderbordjes, dat is onzinnig. Daar mist iedere logica en het is ook niet plezierig. Bovendien moet serviesgoed te gebruiken zijn. Anders wordt het een tafelstuk.'

Een makkelijk snijdende houten plank voor brood kan Van Dams goedkeuring wegdragen. Evenals Franse borden die na de maaltijd omgedraaid kunnen worden om in de voetring het dessert op te dienen. Op decoratiegebied zijn er maar een paar dingen die echt uit den boze zijn: bepaalde kleuren blauw ('die werken contraproductief op de eetlust'), gruwelijke afbeeldingen of niet passende decors, zoals vis op een dessert-bord.

Waar Van Dam grote waarde aan hecht is de omvang van het bord. 'Kleine borden zijn misschien aardig voor de presentatie maar zijn verder niet handig. Een diameter van 31 centimeter is ideaal, liefst met een niet al te brede rand. Dan heb je tenminste wat ruimte op je bord en kan je alle onderdelen van de maaltijd los zien. Ik hou niet van torentjes. Die moet je tijdens het eten weer uit elkaar gaan halen.'

'Ik zou een lans willen breken voor de terugkeer van de schaal. Die zie je bijna nergens meer. In restaurants is het bijna overal plateservice en mensen gaan dat nu thuis imiteren. Het is niet praktisch want niet iedereen eet evenveel en je mist het sociale aspect van het elkaar schalen aanreiken. Plateservice is de dood in de pot. Juist omdat er geen pot meer is.'

Maar de opmars van het kunstig gedecoreerde bord eten is onstuitbaar, dat realiseert Van Dam zich ook. 'Er zijn nogal wat restaurateurs die een vermogen uitgeven aan serviezen en het liefst ieder gerecht op een ander bord leggen. Vooral Nederlanders hebben daar een handje van – die vinden de verpakking belangrijker dan de inhoud.'

# Jacobus Toet

## Cherished status symbol

The way Russian fishermen on the coast of the Caspian Sea consume it does not appeal to him at all – a pot full of caviar in the middle of the table, with a spoon sticking out. 'There's food and there's delicatessen,' says Jacobus Toet, the Netherlands' largest caviar importer, who was born in the seaside town of Scheveningen. 'Caviar is not something one eats daily. It requires a suitable ambience and presentation. You have to create a certain degree of luxury in order to do it full justice. You can't present caviar on a plastic plate or, even worse, on a metal platter. That spoils the taste completely.'

Toet has a personal preference for a crystalline dish or a champagne saucer on an underplate with a napkin. Classical Saint Hilaire silver saucers are particularly favoured by caviar lovers, who tend to be rather traditional in their tastes. The spoons may be made of ivory, glass, wood, or mother-of-pearl, whereas pottery is seldom used. For customers who wish to turn their gastronomic session into a truly special occasion, Toet also provides Fabergé eggs from which the delicatesse can be scooped. Nonetheless, the dinner service is of secondary importance, the exclusive sturgeon eggs remain the paramount commodity.

This situation may be somewhat surprising in view of the fact that Toet started out fifty years ago as a vendor of stain-remover and leakproof milk jugs at the open-air market in The Hague. He subsequently entered the fish sector – trading in mackerel and herring for German stores – and prospered in an expanding market. It was only when he concentrated his business on caviar, luxury cigars from the Dominican Republic, and top-class champagne (Toet knows the nuances of 142 sorts) that his clientele became smaller and more select. His customers include captains of industry, members of the Royal Family, and various dandies. Even the carrier bags displaying his name are cherished as a status symbol.

'It may be a luxury but it's not decadent,' is Toet's assessment of his product. 'Those who cannot afford it are often the first to yell that caviar is decadent and morally unacceptable. But I also have customers who quietly save for three months in order to have an afternoon's enjoyment. I don't see it as an overstatement. The only thing that offends me is when people have so much money that they throw it away, as when someone stubs out a good, expensive cigar when it's only one fifth of the way down, in order to light up another one almost immediately. That's only because they can afford it. That is what I find decadent.'

## Gekoesterd statussymbool

Zoals de Russische vissers aan de kust van de Kaspische Zee het eten, dat vindt hij maar niks – pot kaviaar op tafel en zo met de lepel erin. 'Je hebt eten en je hebt snoepen', stelt Jacobus Toet, Nederlands grootste kaviaarimporteur uit Scheveningen. 'Kaviaar is niets iets dat je dagelijks eet. Daar hoort een passende ambiance en presentatie bij; je moet er een beetje luxe omheen creëren om het tot z'n recht te laten komen. Je gaat kaviaar niet op een plastic boterhambordje presenteren. Of erger nog, op een metalen schoteltje. Dan is de smaak helemaal verpest.'

Persoonlijk heeft Toet een voorkeur voor een kristallen schaaltje of een champagnecoupe op een onderbord met servet. Vooral de klassieke, zilveren schotels van Saint Hilaire doen het goed onder de veelal traditioneel ingestelde kaviaar-eters. Lepeltjes kunnen gemaakt zijn van ivoor, glas, hout of parelmoer. Keramiek is een zeldzaamheid. Voor de klanten die van hun culinaire fijnproeverij echt iets speciaals willen maken heeft Toet ook Fabergé-eieren in het assortiment, waar de delicatesse kan worden uitgelepeld. Maar het servies is bijzaak, het draait uiteindelijk om de exclusieve steureitjes.

En dat terwijl Toet vijftig jaar geleden als standwerker op de Haagse markt begon met vlekkenzeep en lekvrije melk-kannetjes. Eenmaal in de vis – makreel en haring voor Duitse warenhuizen – ging het de Scheveninger voor de wind. Maar pas toen hij zich concentreerde op kaviaar, Dominicaanse luxe-sigaren en topchampagne (Toet kent de nuances van 142 soorten) werd zijn klantenkring kleiner en selectiever. In zijn zaak komen captains of industry, leden van het koninklijk huis en dandy's. Alleen al de draagtassen met zijn naam erop worden gekoesterd als statussymbool.

'Luxe is het, maar decadent niet', oordeelt Toet over zijn waar. 'Degenen die het zich niet kunnen veroorloven, zijn vaak de eersten die roepen dat kaviaar decadent is en niet kan. Maar ik heb ook klanten die er rustig drie maanden voor sparen om dan een middag lekker te genieten. Ook voor mijzelf is het niet snel teveel. Het enige dat me tegen de borst stuit is als mensen zoveel geld hebben dat ze het weggooien. Dat iemand een mooie, dure sigaar waar voor twintig procent de brand in zit kapot drukt om er daarna meteen weer een op te steken. Puur alleen omdat hij het zich kan veroorloven. Dat vind ik nou decadent.'

# Cees Helder

**Explosion of taste**

The average restaurant visitor is becoming increasingly intrigued by the presentation of his or her meal. 'That's a result of all those cooking schools and clubs,' says Cees Helder, *chef de cuisine* of Parkheuvel, one of the two three-star restaurants in the Netherlands. 'The possibilities for the presentation of food have also expanded enormously. At the start of my career, you could choose between round plates either with or without a ridge. The great assortment of dinner services now available is a very positive development. It fires the imagination. An attractive, new kind of plate can inspire me to create a new dish.'

Helder's dinner service in the restaurant is currently on the verge of being replaced. It is a quest that takes him to trade fairs and porcelain factories. The kitchen accommodates various boxes full of plates, ready to be tried out. Several practical requirements have pride of place: the plate must be thick enough to retain warmth, it must fit into the dishwasher (thus no square plates), and it should not be too vulnerable. But Helder also has his own aesthetic criteria. 'I don't find glass plates very attractive, they are too stylized. Neither do I go for plates with different compartments, as are frequently used in the oriental kitchen. They remind me of army meals in the mess. Separate morsels are served as if they are one dish, and that misses the whole point.'

Exclusiveness is self-evident in Parkheuvel, and this also applies to the dinner service. But Helder's main objective is elegance, and that begins with the material itself. He finds everything less than bone china rather 'staid'. Austere is preferable to classical; sobriety is better than exuberance. 'Of course, it doesn't have to be terribly cultivated. Colourful accents can suit certain dishes – a small green rim that is reflected in a couple of droplets of sauce or sprigs of parsley gives a delicate effect. The use of precious metal on a plate is acceptable, but only if it is genuinely chic. If it's gaudy, it only has a visual effect and that doesn't contribute to the taste of the food.'

Forms are of great importance to Helder: plates with dimples, different depths, varying proportions between the surface area and the rim. In the current assortment of luxury dinner services, there is a specific shortage of plates with a large diameter and a small surface area. 'It's possible to steer a guest by means of this kind of shape. If he or she is served a thin puree with truffles on a plate with a small surface area, an explosion of taste occurs with every mouthful. In this way, the dinner service contributes to the refinement of the food.'

**Smaakexplosie**

De gemiddelde restaurantgast heeft steeds meer oog voor de presentatie van zijn maaltijd. 'Dat komt door al die kookscholen en -clubs', denkt Cees Helder, chef-kok van Parkheuvel, een van de twee drie-sterrenrestaurants van Nederland. 'De mogelijkheden voor de presentatie van gerechten zijn ook enorm uitgebreid. Aan het begin van mijn carrière had je enkel de keus tussen ronde borden met of zonder ribbeltje. Die grotere serviesrijkom vind ik heel positief. Het prikkelt de fantasie. Een mooi, nieuw soort bord kan mij inspireren tot het creëren van een nieuw gerecht.'

Helders restaurantservies is momenteel toe aan verversing. Het is een queeste die hem langs vakbeurzen en porseleinfabrieken stuurt. In de keuken staan dozen vol borden 'om uit te proberen'. Een paar praktische eisen staan voor de topkok voorop: het bord moet dik genoeg zijn om warmte vast te houden, moet in de vaatwasser passen (dus geen vierkante borden) en niet al te kwetsbaar zijn. Maar ook esthetisch heeft Helder zo zijn criteria. 'Ik ben niet gecharmeerd van glazen borden, die zijn me te stilistisch. Van borden met vakjes, zoals die veel gebruikt worden in de oosterse keuken, hou ik ook niet. Ze doen me denken aan kantinemaaltijden in het leger. Afzonderlijke hapjes worden opgediend als zijnde één gerecht – dat mist zijn doel.'

Exclusiviteit spreekt voor zich in Parkheuvel, ook op serviesgebied. Maar het is vooral elegantie, waar Helder naar streeft. En dat begint bij het materiaal. Alles minder dan bone china vindt hij eigenlijk 'grauw'. Strak gaat boven klassiek, soberheid boven bonte decors. 'Maar het hoeft niet idioot sierlijk te zijn. Kleuraccenten kunnen bij specifieke gerechten; bijvoorbeeld een klein groen randje dat terugkomt in een paar druppels saus of een takje peterselie. Het gebruik van edelmetaal op een bord kan, maar alleen als het echt chic is. Als het protserig is dan heeft het alleen een visueel effect. Daar wordt een gerecht niet lekkerder door.'

Vormen zijn voor Helder van groot belang: borden met kuiltjes, verschillende dieptes, uiteenlopende rand-spiegelverhoudingen. Vooral aan borden met een grote diameter en een kleine spiegel ontbreekt het volgens hem in het huidige aanbod van luxueus serviesgoed. 'Je kunt een gast sturen met zo'n vorm. Als hij bijvoorbeeld een dunne puree met truffels eet van een bord met kleine spiegel, krijgt hij bij iedere hap een smaakexplosie te verwerken. Het servies draagt op die manier bij aan het raffinement van het gerecht.'

## Snob appeal

'I hate useful things. In fact, dinner services and cutlery are
the only useful objects that I can accept.'
Nevertheless, Anton Moonen, the author of the *Kleine
Encyclopedie van het Culinair Snobisme*, among other works,
has never bought a dinner service. His plates, bowls, and cups
originate from his parental home, are gifts from friends, or
were personally annexed from hotel restaurants. In his opinion,
a real snob does not purchase a dinner service consisting of a
single type. 'A dinner service must be alive, must be personal.
Above all, a snobbish dinner service has to be exclusive,
preferably unique. So the best thing is to compile it yourself.
Collecting all the items can take years.'

Although the author describes himself as being 'not
too choosy' when it comes to dinner services, he still has his
partialities. Rustic pottery from the Magreb is acceptable, as
is a samovar with matching cups. But do not offer him a dinner
service from Hermès or Versace. 'Hermès is for poseurs.
And Versace once had a great deal of snob appeal but is now
the emblem of the Italian man with sunglasses and a Ferrari –
completely tasteless.'

In the field of decoration, Moonen upholds a few basic
rules. 'Red and blue are seldom attractive, unless you are
aiming at a somewhat folkloristic table. Floral patterns are not
done. The use of gems or pearls is something for the nouveau
riche. Real snobs prefer luxurious simplicity: blue or white
plates with a gold or silver stripe, as fine as possible.'

In Moonen's view, there is no hard distinction between
snobbish and decadent. He wishes to apply no restraints to his
own actions, except those of good taste and exclusiveness.
Superfluity and functionlessness are not hard criteria – he
abhors shockingly bourgeois items such as table wastebins.
However, politically incorrect material use can count on his
approval. 'On Sardinia I once bought large shells to use as fruit
bowls. When I returned a few years later for a couple more, their
sale had been forbidden because they were almost extinct.'

'An example of hyper-decadence would be a set of
cutlery whose handles were made of the bones of a renowned
philosopher. You would have to have matching plates.
Perhaps those of the Romanian princess Eugenie de Brancovan.
I was once invited to dine with her at her home. We ate from
her family dinner service, which has the emblem of the Dracula
family at the centre of the plates. Not everyone at the table
enjoyed their dinner to the same extent.'

## Snob appeal

'Ik haat nuttige dingen. Eigenlijk zijn servies en bestek de
enige nuttige voorwerpen die door de beugel kunnen.'
Toch heeft Anton Moonen, auteur van onder andere de *Kleine
Encyclopedie van het Culinair Snobisme*, nog nooit zelf een
servies gekocht. Zijn borden, schalen en kopjes zijn afkomstig
uit het ouderlijk huis, zijn schenkingen van vrienden of heeft
hij hoogstpersoonlijk ontvreemd uit hotelrestaurants. Volgens
hem schaft een echte snob geen servies aan van één soort.
'Een servies moet leven, moet persoonlijk zijn. Een snobistisch
servies moet vooral exclusief zijn, liefst uniek. En dus kan je het
het beste zelf samenstellen. Dat verzamelen kan jaren duren.'

Hoewel de schrijver zichzelf omschrijft als 'niet te kies-
keurig' als het op servies aankomt, heeft hij toch duidelijke
afkeuren. Rustiek aardewerk uit de Magreb kan, net als een
samovar met bijpassende kopjes. Maar kom bij hem niet
aanzetten met een servies van Hermès of Versace. 'Hermès is
voor poseurs. En Versace had ooit veel snob appeal maar is nu
het embleem van de Italiaanse man met zonnebril en Ferrari –
vreselijk smakeloos.'

Op het gebied van decors gelden voor Moonen enkele
basisregels. 'Rood en blauw zijn zelden aantrekkelijk, tenzij je
uit bent op een wat folkloristische tafel. Bloemetjes zijn not
done. Het gebruik van edelstenen of parels is iets voor nouveau
riche. Echte snobs gaan voor luxeuze eenvoud: blauwe of witte
borden met een gouden of zilveren streepje, zo fijn mogelijk.'

Een echte grens tussen snobistisch en decadent is er
volgens Moonen niet. Hij wenst zichzelf geen grenzen te stellen,
behalve die van goede smaak en exclusiviteit. Overbodigheid
en functieloosheid zijn geen harde criteria, want zo iets vreselijk
bourgeois als tafelvuilnisbakjes verfoeit hij. Politiek incorrect
materiaalgebruik kan echter op zijn instemming rekenen.
'Ik heb ooit op Sardinië grote schelpen gekocht om te gebruiken
als fruitschaal. Toen ik er een paar jaar later terugkwam voor
nog een paar, bleek de verkoop verboden omdat ze bijna uit-
gestorven waren.'

'Hyperdecadent zou bijvoorbeeld een bestek zijn waarbij
de heften gemaakt zijn van de botten van een beroemd filosoof.
Daar moet je dan wel passende borden bij hebben. Misschien
wel die van de Roemeense prinses Eugenie de Brancovan.
Ik heb bij haar ooit gegeten van haar voorouderlijk servies.
Midden op het bord prijkt het wapen van de familie Dracula.
Niet iedereen aan tafel at daar gemakkelijk van.'

# Nahnya barones van Voorst tot Voorst

**Table talk**

For the greatest historical blunder in service etiquette, we have to go back more than a century. Paul Kruger visited Queen Wilhelmina of the Netherlands in an attempt to win her support for his struggle against the British rulers of his South African Boer Republic, the Transvaal. During the dinner, he inadvertently lifted his silver finger bowl to his thirsty lips. There followed a painful silence and strange looks. But Wilhelmina saved her guest from public humiliation by promptly lifting her own finger bowl and proposing a toast.

According to Nahnya, Baroness Van Voorst tot Voorst, a specialist in etiquette and table manners and a teacher at the butler school in Velsen-Zuid, the modern table barbarian can make exactly the same kind of blunder as Kruger. 'A frequently occurring error is eating from the wrong side plate – the right-hand one. But it is much more serious to feel uncertain about the proper etiquette, thus making oneself wretched company. Etiquette should not be experienced as a straitjacket. That neutralizes its intention. Similar to dinner service, it is a means to allow everything to operate as smoothly as possible. Hospitality is the most important element.'

In accordance with contemporary standards of courtesy, an excess of luxury can even be counterproductive. 'If an extremely rich family receives its poorer relatives for dinner, it would be unseemly to make use of the most beautiful dinner service. In doing so, you create a problem for them if they reciprocate the invitation.'

In addition, luxury often has a practical function – such as the opulent dinner services that Catherine the Great offered as gifts on state occasions. Of course, a dinner service is an article *par excellence* for expressing oneself, just like a car. At home, the table is the object most sensitive to status. Flowers remain a sign of good upbringing, but setting out a hand-painted Herend dinner service is a genuine statement.'

Van Voorst tot Voorst regards decadence in the domain of dinner service as a very personal, yet period-determined feature with various gradations. She herself has the opinion that eating from antique, extremely rare Chinese porcelain scores pretty high on the scale of decadence. But plates and cups with monograms are even more decadent. 'This kind of dinner service is only suited to one particular person; it's even more specific than a dinner service with a family emblem.'

However, according to the Baroness, the absolute pinnacle of decadence is plastic disposable dinner service. 'I come from a family in which the dinner service was passed on from one generation to the next. The plates belong more to the family than to oneself. It's strange to realize that there are dinner services that are thrown away after a single occasion.'

**Statement op tafel**

Voor de grootste historische blunder op serviesetiquette moeten we meer dan een eeuw terug. Paul Kruger bezocht koningin Wilhelmina in een poging haar steun te winnen in zijn strijd tegen de Britse overheersers van zijn Zuid-Afrikaanse Boeren-staat Transvaal. Tijdens het diner zette hij nietsvermoedend zijn zilveren vingerkommetje aan zijn dorstige lippen. Pijnlijke stilte en vreemde blikken volgden. Maar Wilhelmina bespaarde haar gast een publieke vernedering door prompt haar eigen kommetje te pakken en een toost uit te brengen.

Volgens Nahnya barones van Voorst tot Voorst, specialist in omgangsvormen en tafelmanieren en docent aan de butler-school in Velsen-Zuid, kan de hedendaagse tafelbarbaar niet zo uitglijden als Kruger. 'Een veel voorkomende fout is eten van het verkeerde – rechtse – broodbordje. Maar veel erger is je onzeker voelen over hoe het hoort en daardoor onaangenaam gezelschap zijn. Etiquette moet niet ervaren worden als een keurslijf. Zo is het ook nooit bedoeld. Net als servies is het een hulpmiddel om alles zo gepolijst mogelijk te laten verlopen. De gastvrijheid is het belangrijkste.'

Volgens de standaarden van wellevendheid anno nu kan een teveel aan luxe zelfs contraproductief werken. 'Als een heel erg rijke familie de arme tak te eten krijgt, dan zou het ongepast zijn het allermooiste servies uit de kast te trekken. Daarmee breng je je gasten in een lastig parket als ze je terugvragen.''

'Verder heeft luxe vaak ook een praktische functie – denk bijvoorbeeld aan de weelderige serviezen die Catharina de Grote cadeau deed als staatsgeschenk. En servies is natuurlijk bij uitstek een middel om je mee te profileren, vergelijkbaar met een auto. In huis is de tafel het meest statusgevoelige object. Bloemen op tafel zijn traditiegetrouw een teken van goede opvoeding, maar zet een handgeschilderd Herend-servies neer en je maakt een statement.'

Van Voorst tot Voorst vindt decadentie op serviesgebied een zeer persoonlijke en tijdgebonden aangelegenheid die verschillende gradaties kent. Zelf vindt ze eten van antiek, uiterst zeldzaam Chinees porselein hoog scoren op de deca-dentieschaal. Maar borden en kopjes met monogrammen zijn nog decadenter. 'Zo'n servies kan maar één persoon mee. Dat is nog specifieker dan een servies met familiewapen.'

Maar het absolute toppunt van decadentie is volgens de barones plastic wegwerpservies. 'Ik kom uit een familie waarin het servies werd doorgegeven. Die borden zijn meer van de familie dan van jezelf. En dan te bedenken dat er servies is dat na eenmalig gebruik wordt weggeworpen!'

MACABRE

MACABER

Tasteful and tasteless, pleasure and pain can no longer be distinguished from one another. Bloodstained game and terrifying creatures adorn tureens: a macabre elegy against the overcrowded shelves of the butcher, domestic caterer, and poulterer. Mercury drips from the mouths of freshly caught fish. Lobster, crab and chicken legs, cast in clay, serve as a hair-raising parody on exquisite dishes.

### 87  Pauline Wiertz

Amsterdam, the Netherlands, 1955

*Kippen-, krabben-, en kreeftenpootkopjes (Chicken, Crab and Lobster-legged Cups)*, 2003, glazed porcelain with transfers, h. 13 cm, Ø 3 cm

Even although they have legs, these cups, daunting to many, can hardly stand. They are porcelain casts of real chicken, crab and lobster legs, glazed and equipped with alienating prints.

### 88  Laszlo Fekete

Budapest, Hungary, 1949

*Wildlife Memorial Soup Tureen*, 2001, glazed porcelain, h. 60 cm, w. 55 cm, courtesy of Garth Clark Gallery, New York

With this soup tureen, Fekete dramatizes endangered animal species; they are in a pretty battered state. The artist wonders why we applaud the actions of animal protectionists while people continue to murder their own kind apparently without remorse.

### 89  Richard Notkin

Chicago, Illinois, USA, 1948

*20th Century Solutions Teapot: Nobody Knows Why*, 2003, stoneware, h. 24 cm, w. 40 cm, courtesy of Garth Clark Gallery, New York

The teapot as a boy's dream: a mysterious ruin. The chimney is the spout, the gate is the handle and there is the content of the 'pot' somewhere in-between, hidden under a camouflaged lid, just like a bunker. It is a completely non-functional teapot with a critical charge, a monument to degeneration.

### 90  Wieki Somers

Sprang-Capelle, the Netherlands, 1976

*High Tea Pots*, 2003, limited issue, bone china, tea cosy of musquash, h. 23 cm, w. 46 cm, realization in conjunction with the European Ceramic Work Centre, Den Bosch, the Netherlands

Bristly game stands on the high-tea table like a triumphant hunting trophy. The musquash keeps the black tea in the skull warm. The tea is visible through the transparent wall of bone china, a brilliant white porcelain incorporating ground bones.

### 92  Susan Beiner

Newark, New Jersey, USA, 1962

*Nailed*, 2000, glazed porcelain, h. 21.5 cm, w. 27.5 cm

Rococo silverware from the eighteenth century has been translated into a present-day variant. Screws, nuts and hooks hang like a macabre 'blanket' above the pot.

### 93  Han van Wetering

Maastricht, the Netherlands, 1948

*Au beurre: Régine*, 2003, glazed fire-clay, h. 59 cm, w. 50 cm, realized in conjunction with Struktuur '68, The Hague

A dish full of pig's trotters and pieces of rib as a picturesque sculpture, a conglomerate of humorous and macabre emotions.

### 94  David Regan

Buffalo, New York, USA, 1964

*Beasty Fish Tureen*, 1995, porcelain and an underplate with silver glazing, h. 45 cm, w. 35 cm, courtesy of Garth Clark Gallery, New York

What does soup taste like when served in a tureen in the form of freshly caught fish from whose mouths mercury is dripping?

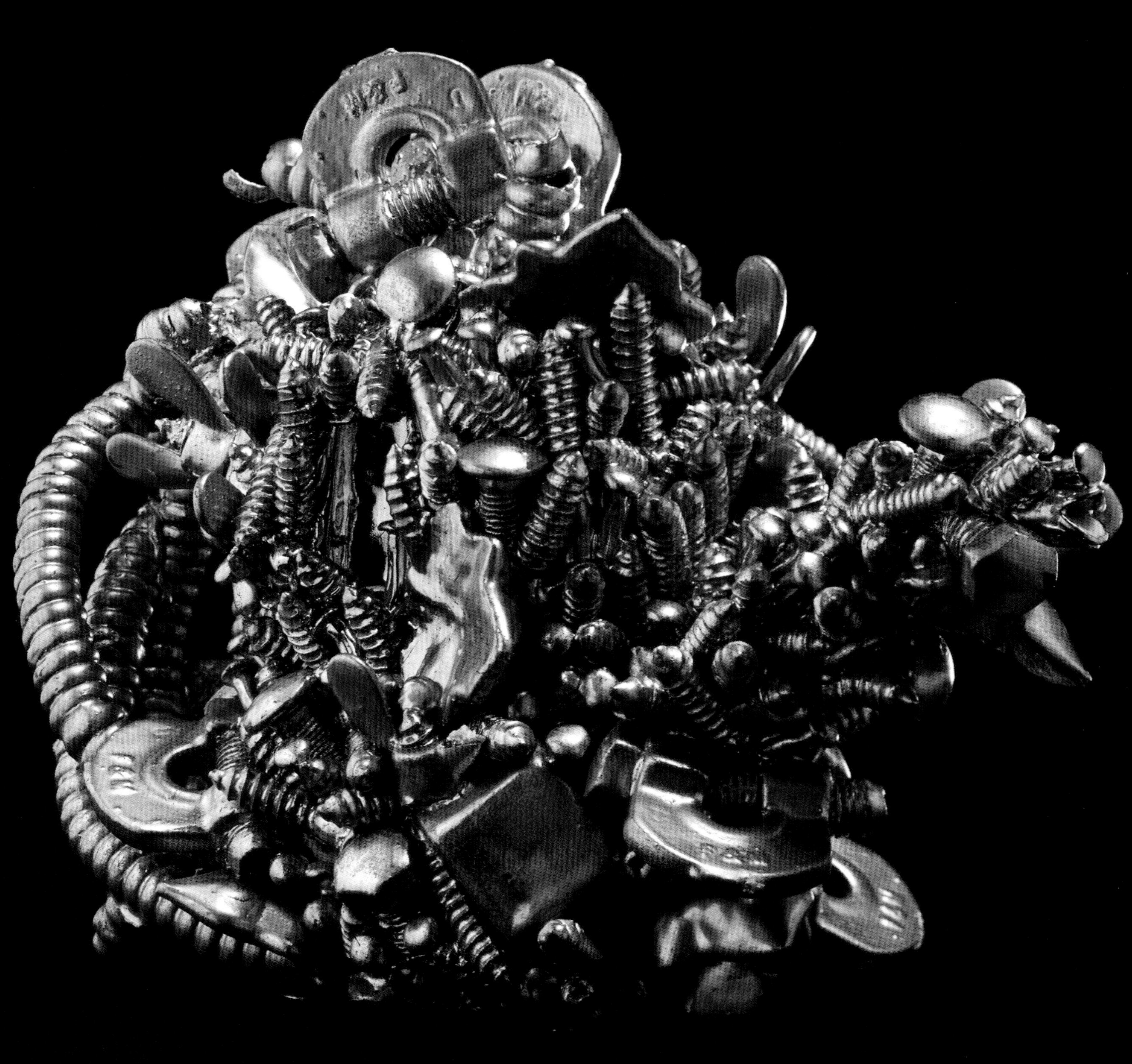

Smakelijk en onsmakelijk, leed en lust zijn niet meer van elkaar te onderscheiden. Bloederig wild en angstaanjagende beesten sieren terrines: een macabere aanklacht tegen de overvolle schappen van slager, traiteur en poelier. Kwik druipt uit de bekken van net gevangen vis. Poten van kreeften, krabben en kippen in klei gegoten als huiveringwekkende parodie op exquise gerechten.

**87 Pauline Wiertz**

Amsterdam, Nederland, 1955

*Kippen-, krabben-, en kreeftenpootkopjes*, 2003, geglazuurd porselein met transfers, h. 13 cm, Ø 3 cm

Al hebben zij poten, deze voor velen afschrikwekkende kopjes kunnen nauwelijks staan. Het zijn afgietsels in porselein van echte kippen-, krabben- en kreeften- poten, geglazuurd en voorzien van vervreemdende prints.

**88 Laszlo Fekete**

Boedapest, Hongarije, 1949

*Wildlife Memorial Soup Tureen*, 2001, geglazuurd porselein, h. 60 cm, br. 55 cm, courtesy Garth Clark Gallery, New York

In deze soepterrine dramatiseert Fekete de bedreigde diersoorten; zij verkeren in zwaar gehavende toestand. De kunstenaar vraagt zich af waarom wij de acties van dierenbeschermers toejuichen, terwijl de mens gewoon doorgaat met het uitmoorden van zijn eigen soort.

**89 Richard Notkin**

Chicago, Illinois, Verenigde Staten, 1948

*20th Century Solutions Teapot: Nobody Knows Why*, 2003, steengoed, h. 24 cm, br. 40 cm, courtesy Garth Clark Gallery, New York

De theepot als jongensdroom: een geheimzinnige ruïne. De schoor-

steen is de tuit, de poort het hand- vat en ergens middenin bevindt zich net als in een bunker, verscholen onder een gecamou- fleerde deksel, de inhoud van de 'pot'. Een volkomen a-functionele theepot met kritische lading, een monument van verval.

**90 Wieki Somers**

Sprang-Capelle, Nederland, 1976

*High Tea Pots*, 2003, beperkte oplage, bone china, theemuts van waterkonijnbont, h. 23 cm, br. 46 cm, uitvoering in samen- werking met het Europees Keramisch Werk- centrum, Den Bosch

Harig wild staat als een triom- fantelijke jachttrofee op de High Tea tafel. Het rattenbont houdt de zwarte thee in de schedel warm. Door de doorschijnende wand van bone china, een spierwit porselein waarin botten zijn verwerkt, is de thee zichtbaar.

**92 Susan Beiner**

Newark, New Jersey, Verenigde Staten, 1962

*Nailed*, 2000, geglazuurd porselein, h. 21,5 cm, br. 27,5 cm

Rococo zilvergoed uit de acht- tiende eeuw is vertaald naar een hedendaagse variant. Uit klei gevormde schroeven, moeren en haken hangen als een macabere 'deken' over de pot.

**93 Han van Wetering**

Maastricht, Nederland, 1948

*Au beurre: Régine*, 2003, geglazuurde chamotte, h. 59 cm, br. 50 cm, uitvoering in samenwerking met Struktuur '68, Den Haag

Een schaal vol ribstukken en varkenspoten als schilderachtige sculptuur, een conglomeraat van humoristische en macabere emoties.

**94 David Regan**

Buffalo, New York, Verenigde Staten, 1964

*Beasty Fish Tureen*, 1995, porselein en onder- plaat met zilverglazuur, h. 45 cm, br. 35 cm, courtesy Garth Clark Gallery, New York

Hoe smaakt soep uit een terrine in de vorm van een net vol vers gevangen vis waar het kwik uit druipt?

# Beauty and Ruin
## The Neo-Decadents in Contemporary Ceramics
# Schoonheid en verval
## Neodecadenten in hedendaagse keramiek

Garth Clark

Garth Clark is an art historian and owns an art gallery in New York.

Garth Clark is kunsthistoricus en galeriehouder te New York.

Even today, playing with decadence in art is a risky undertaking. Decadence is not a neutral word. It is layered with negativity, associations of moral collapse, cultural ruin and dissolute behavior. Webster's defines it as 'a falling away, a period of decline in force and quality, art, morals, and literature, decay, deterioration, self-indulgence.' It is no accident that it appears on the same page as its close cousin, *debauchery* – 'excessive indulgence in sensual pleasure.'

So when this term is used in art it usually comes loaded with moral presumption and judgement, and is almost always a pejorative, particularly when viewed from the puritanical perspective of Modernism, or even worse, when compared to Bernard Leach's vision of the drab, and non-offensive 'ethical' pot.

Personally, I find decadence substantiated in art to be, as the title of this exhibition suggests, delicious. In visual terms, it is like slowly savoring a tongue-tingling *pâté de foie gras* on buttered toast-points or spooning a dense, dark, velvety chocolate mousse, leaving one shivering with pleasure, the lingering aftertaste beckoning one to try more even after one is sated. Delicious? Definitely. Decadent? Without question. The key to enjoying this is in knowing when to put the spoon down. Nor can one live solely on this diet. One would develop aesthetic gout, but as part of a broader diet, it adds an extraordinary intensity to offset the sensual bleakness of so much of today's art.

Decadence can mean one of two things. One is the *condition* of decadence in which a culture, an artist or a movement has fallen into decay. This is unquestionably a negative. Art that comes from this state is not usually of great interest in itself but the piles of cultural detritus that it leaves behind, a compost heap of human inter-action, can provide rich sustenance for those whose art deals with decadence as a subject.

The second use of the term (with a

Zelfs vandaag de dag is het riskant om in de kunst met decadentie te spelen. Decadentie is geen neutraal woord. Het heeft een negatieve lading en wordt geassocieerd met morele ondergang, cultureel verval en liederlijk gedrag. In Webster's Dictionary wordt het gedefinieerd als 'verval, periode van achter-uitgang in kracht en kwaliteit, kunst, morele waarden en literatuur, neergang, verslechtering, genotzucht'. Het is geen toeval dat het woord op dezelfde bladzijde staat als het verwante *debauchery*, 'het overmatig toegeven aan zinnelijke genot'.

In de kunst is de term 'decadentie' dus meestal beladen met morele aannames en oordelen. De term wordt vrijwel altijd pejoratief gebruikt, vooral vanuit de puriteinse invals-hoek van het modernisme of, erger nog, in vergelijking tot de visie van Bernard Leach op de saaie, nooit aanstootgevende 'ethische' pot.

Persoonlijk vind ik decadentie in de kunst, net zoals de titel van deze tentoonstelling aangeeft, ontzettend lekker. Visueel verwoord kun je het vergelijken met het langzaam genieten van een tongstrelende *pâté de foie gras* op een beboterd stukje toast of het lepelen van een dikke, fluweelzachte, pure chocolademousse waarvan de rillingen over je rug lopen en waarvan de nasmaak één grote verlokking is om door te eten, zelfs nadat je voldaan bent. Lekker? Absoluut. Decadent? Zeker weten. De enige manier om hiervan te kunnen genieten is weten wanneer je moet ophouden. Bovendien heb je ook andere voeding nodig om gezond te blijven. Je zou er maar esthetische jicht van krijgen. Als onder-deel van een complete voeding vormt het een uitzonderlijk intens accent te midden van de zintuiglijke somberheid van zo veel heden-daagse kunst.

Decadentie heeft twee betekenissen. Ten eerste betekent het de *toestand* van decadentie, waarin een cultuur, een kunste-naar of een beweging in verval is geraakt. Dit is beslist een negatieve betekenis. Kunst die voortvloeit uit deze toestand is op zich meestal niet erg interessant, maar de bergen cultureel afval die ze achterlaat, een composthoop van

capital 'D') is to describe a *style* of art, a *movement*, or a specific area of *content*. In this case the term should be considered neutral. It is no more or less valid, honest or authentic a pursuit than, say, minimalism. Artists who use decadence as subject matter are not themselves necessarily decadent. Indeed, I would argue that it takes more restraint and discipline to work in this genre than in minimalism, where the restraint is built-in.

An artist using decadence is working with excess and walks a dangerous line, trying to avoid the art becoming decadent in itself. Too timid and it fails, too over-stated and it fails. It is a difficult balancing act. The same is true of artists who use kitsch (decadence's low-rent cousin) as their primary raw material. If kitsch is appropriated without a strong transformative vision, it just becomes new kitsch, which is not art.

This exhibition is important, as decadence is one of the strongest themes being explored in contemporary ceramics today. In order to survey this, I have chosen to examine eight artists, neo-Decadents all, who make 'Palace Pots.' These vessels explore opulence, privilege and over-refinement and are the antithesis to Leach's rustic Cottage Pot with its faux humility, drab palette and monk-like adherence to functionalism. (One can argue that the specter of university-trained, middle-class men and women taking on the role of the peasant potter is a form of decadence in itself, à la Marie Antoinette playing the shepherd in the gardens of Versailles.)

The Cottage Pot and the Palace Pot are effective devices to explain the polar extremes of ceramic expression, one presenting a restrained, understated vessel for use and exploration of minimalist form and the other a container of excess and exaggeration, filled with cultural comment and redolent with self-expression.

For over 2,900 years Western ceramics has been a Spartan medium, too simple in its craft to produce grandeur and too poor a marketplace to afford excess (decadence is a rich feeder.) It was not until the seventeenth-eighteenth centuries that decadence made its appearance at the European kiln door, swaggering in on the arm of nascent modernism. As William Morris remarked in 1882, 'Now all nations, however barbarous, have made pottery, sometimes of shapes obviously graceful, sometimes with a mingling of wild gro-tesquery amid gracefulness; but none have ever failed to make it on true principles, none have ever made shapes ugly or base [read 'decadent'] until quite modern times. I should say that the making of ugly pottery was one of the most remarkable inventions of our [modern] society.'

As its title indicates, the Palace Pot derives from the court, and for this octet of artists, the court porcelains of the eight-eenth and nineteenth centuries – the production of porcelain objects by factories owned by Europe's nobility – has been a central inspiration. Not all court porcelain is decadent art, particularly that from the eighteenth century when there was great originality of form, but by the nineteenth century the aesthetic rigor of the previous century had been squandered and replaced by stylistic mayhem that raged on for nearly a century.

Ceramics, bankrolled by Europe's royalty, was now released from poverty to explore and expand its technical base, going on a decorative rampage. This was a period of aesthetic colonization, in which all the known art and culture of mankind was mixed and matched without restraint into a contemporary pastiche. Grecian handles were attached to Song jars, surmounted by Gothic lids and decorated with unholy mixtures of ornament that blended pre-Columbian, Celtic and Minoan into an indigestible pastiche. Added to this were vignettes in china paint by the favored court painters in the popular style of the day.

All the arts suffered from this mindless

menselijke interactie, kan een rijke voedings-
bodem zijn voor kunstenaars die met het thema
decadentie werken.

In zijn tweede betekenis staat de term
voor een *stijl* van kunst, een *beweging* of een
specifiek *onderwerpsgebied*. In dit geval moet
de term als neutraal worden beschouwd en is
hij niet meer of minder waardevol, eerlijk of
authentiek dan bijvoorbeeld minimalisme.
Kunstenaars die decadentie als onderwerp
gebruiken, zijn niet per se zelf decadent.
Volgens mij vergt het zelfs meer terughoudend-
heid en discipline om in dit genre te werken
dan in het minimalisme, waar de terughoudend-
heid al is ingebouwd.

Een kunstenaar die decadentie gebruikt,
werkt met overmatigheid en moet ontzettend
uitkijken dat zijn werk zelf niet decadent wordt.
Al te ingetogen is niet goed, al te overdreven
ook niet. Als een koorddanser beweegt hij zich
voort. Dat geldt ook voor kunstenaars bij wie
kitsch – het goedkope neefje van decadentie –
de belangrijkste grondstof is. Als kitsch wordt
gebruikt zonder een krachtige transformerende
visie, wordt het gewoon andere kitsch, en dat
is geen kunst.

Deze tentoonstelling is actueel omdat
decadentie een van de krachtigste thema's
is die momenteel in de hedendaagse keramiek
worden uitgewerkt. Om hier nader op in te gaan
heb ik ervoor gekozen om acht kunstenaars
te bekijken, allemaal neodecadenten, die
'Paleispotten' maken. Deze potten hebben
alles te maken met overdaad, privilege en overmatige verfijning. Ze zijn het absolute tegen-
gestelde van de rustieke Cottagepot van Leach
met zijn gemaakt nederige uitstraling, saaie
kleurenpalet en starre functionaliteit. (Je zou
kunnen zeggen dat het schrikbeeld van univer-
sitair geschoolde mannen en vrouwen uit de
middenklasse die de landelijke pottenbakker
uithangen, op zich een vorm van decadentie is,
zoals Marie Antoinette in de tuinen van Versailles herderinnetje spee de.) De Cottagepot en
de Paleispot zijn ideaa  om de twee uitersten in
de keramiek nader toe te lichten. De Cottagepot is een ingetogen, sober gebruiksvoorwerp
waarmee de minimalistische vorm wordt

bestudeerd, de Paleispot is een vat vol overdaad en overdrijving, gevuld met een cultureel
statement en overvloeiend van zelfexpressie.

Meer dan 2.900 jaar lang is de westerse
keramiek een Spartaans medium geweest, te
eenvoudig om grandeur te kunnen bereiken
en te arm om overdaad te kunnen aanbrengen
(decadentie kost een hoop geld). Pas in de
zeventiende – achttiende eeuw deed het
decadentisme zijn intrede in de Europese oven,
snoevend aan de arm van het opkomende
modernisme. Zoals William Morris al opmerkte
in 1882: 'Nu hebben alle naties, hoe barbaars
ook, aardewerk gemaakt, soms met zeer
elegante vormen, soms met een mengelmoes
van grilligheid en elegantie; maar nooit was
het gebaseerd op oneerlijke principes, nooit
werden vormen opzettelijk lelijk of vulgair
[oftewel decadent] gemaakt, tot in onze
moderne tijd. Mij dunkt dat het maken van
lelijk aardewerk een van de opmerkelijkste
uitvindingen van onze [moderne] maatschappij
is geweest.'

Zoals de naam al aangeeft is de Paleispot
afkomstig van het hof, en voor deze groep van
acht kunstenaars is het hofporselein uit de
achttiende en negentiende eeuw – de productie van porseleinen objecten door fabrieken die
in handen waren van de Europese adel – een
belangrijke inspiratiebron geweest. Niet al het
hofporselein is decadente kunst, want met
name in de achttiende eeuw waren de vormen
zeer origineel, maar tegen de negentiende
eeuw trok niemand zich nog iets aan van
de strikte esthetische regels die golden en
ontstond er een stilistische warboel die bijna
een eeuw lang in Europa heerste.

Dankzij de financiële steun van de koningshuizen van Europa werd keramiek bevrijd van
de armoede, kon de technische basis worden
bestudeerd en uitgebreid en ging men op de
decoratieve toer. Dit was een periode van
esthetische kolonisatie, waarin alle bekende
vormen van kunst en cultuur van over de hele
wereld ongelimiteerd door elkaar werden
gehusseld tot een bont geheel. Griekse handvatten werden aan Song-potten gezet, er ging
een gotisch deksel op en dit alles werd gede-
coreerd met een gruwelijke, onverteerbare

eclecticism. But in ceramics, the loss of aesthetic virtue was propelled by science as much as by stylistic greed. Ever since the discovery of the porcelain formula in 1708, ceramics had been on a path of innovation and discovery. Arcanists and glaze chemists, new professionals, sought to create new surfaces as well as to discover the secrets of the past, from *sang de boeuf* to Egyptian blue, not only mimicking these glazes for their rarity value but also finding ways to replicate them in mass production. Science created a plethora of new options – printed decoration, on-glaze luster that could mimic gold, silver, lead, copper and other metals and a wide array of 'modern' colors and textures. Precious stone, from porphyry to agate, was replicated both in clay and glaze and small 'jewels' were made and affixed to the surface of pots to make them seem more precious. Techniques were developed to electroplate ceramics with silver. There seemed to be no end to science's decorative largesse.

The World's Fairs, begun in the mid-nineteenth century, encouraged ceramic factories to compete at producing the largest, greatest, newest and most extravagant works to win the coveted gold medals offered at these events. These honors attracted publicity and, consequently, higher sales. Vases became complex, ambitious *chefs d'oeuvre*, combining a multitude of cultural motifs and technical tricks. They packed in as much decoration, relief modeling and technical bravura into a single pot as was possible. These were the palace pots of the industrial revolution, trophies of what progress had wrought in an age of pyrotechnic hyperbole.

In the middle of all of this, Decadence made its appearance as an actual art movement, introduced in 1834 by the French critic Désiré Nisard. It was a reaction against Romanticism and was defined by profuse description, prominence of detail, elevation of imagination, nostalgia, loss of reason, and both the power and the desire to seduce. From the outset it produced a taste for the bizarre and outrageous as exemplified by one of the first Decadent 'happenings' in Paris during the 1840s when the poet Gérard de Nerval walked his pet lobster through the park of the Palais Royal on a pale blue ribbon. He informed the curious that he preferred to walk his lobster because it did not bark and 'it knew the mysteries of the deep.'

By 1886 the movement had its own magazine, *Le Décadent*, and had become so well known that it was the subject of populist satire. It is also the source of the 'art for art's sake' movement and was fiercely supportive of individualism and was thus an important step, conceptually if not stylistically, on the road to Modernism.

The Decadents, as they became known, were poets, writers and artists, and included Charles Baudelaire, Paul Verlaine, Arthur Rimbaud, and Joris-Karl Huysmans (whose novel *A Rebours*, published in 1884, was the definitive Decadent tract) among their numbers. In England, Oscar Wilde and Aubrey Beardsley were prominent in the movement. Often perverse, androgynous and cultish, Decadence was also deliberately sensationalist. Indeed one of its sports was to parody and outrage bourgeois banality. '*Epater le bourgeois*' (shock the bourgeoisie) became its battle cry.

Initially ceramics had little to do with the Decadent movement itself but towards the end of the century, when it was replaced by Symbolism and Art Nouveau, ceramists began to be released from their anonymity in the factories and emerged as individual artists. This produced the darkly fascinating work of François-Rupert Carabin, the sinuous grace of Henry van de Velde's designs for Meissen, Hector Guimard's lyrical ceramics for Sèvres, Edmond Lachenal's vases crawling with vegetation and lizards, Pierre-Clement Massier's multi-hued, iridescent luster vessels, Theodoor Colenbrander's acid-trip decoration for Rozenburg and, of course, the somewhat radical ceramics of Paul Gauguin.

mengelmoes van ornamenten waarin pre-Colombiaanse, Keltische en minoïsche versierselen te herkennen waren. Daarna moesten er nog wat vignetten bij, geschilderd door de begunstigde hofschilders in de populaire stijl van het moment.

Alle kunstvormen hadden te lijden van dit blinde eclecticisme, maar in de keramiek werd het verlies van esthetische normen net zo goed veroorzaakt door de wetenschap als door stilistische honger. Al sinds de formule van porselein was ontdekt in 1708 zetten innovatie en ontdekkingen de toon. Arcanisten en glazuurchemici, de nieuwe professionals, probeerden nieuwe afwerkingen te creëren en tegelijkertijd de geheimen van het verleden te ontdekken, van *sang de boeuf* tot Egyptisch blauw, niet alleen door deze glazuren na te bootsen vanwege hun zeldzaamheidswaarde, maar ook door manieren te vinden om ze in massaproductie te kunnen maken. De wetenschap creëerde een overvloed aan nieuwe mogelijkheden: gedrukte decoratie, een glanslaag over het glazuur heen die goud, zilver, lood, koper en andere metalen kon nabootsen, en een breed scala aan 'moderne' kleuren en texturen. Edelstenen van porfier tot agaat werden zowel in klei als glazuur nagemaakt en kleine 'sieraden' werden gemaakt en aangebracht op het oppervlak van potten om ze kostbaarder te laten lijken. Er werden technieken ontwikkeld om keramiek te galvaniseren met zilver. De wetenschap bleef maar nieuwe mogelijkheden creëren.

De wereldtentoonstellingen, die halverwege de negentiende eeuw voor het eerst werden gehouden, waren voor keramiekfabrieken een stimulans om met elkaar te wedijveren wie de grootste, mooiste, nieuwste en meest extravagante creaties kon produceren. De gouden medailles die werden uitgereikt waren fel begeerd, want wie eer medaille won, kreeg publiciteit en verkocht daardoor meer. Vazen werden complexe, ambitieuze meesterwerken waarin een veelheid aan culturele motieven en technische foefjes waren verwerkt. Er werd zo veel mogelijk decoratie, reliëf en technisch vernuft in één pot gestopt. Dit waren de Paleispotten van de industriële revolutie, de trofeeën

van alles wat de vooruitgang mogelijk had gemaakt in een tijd waarin men genoot van vuurwerk en overdrijving.

Te midden van deze ontwikkelingen kwam het decadentisme op als een echte kunstbeweging. Het werd in 1834 geïntroduceerd door de Franse criticus Désiré Nisard als reactie op het romanticisme. Het decadentisme werd gekenmerkt door overdadige beschrijving, opvallend veel details, het verheffen van de fantasie, nostalgie, het verlies van de rede, en zowel de macht als het verlangen om te verleiden. Direct vanaf het begin kwam alles wat bizar en buitensporig was hierdoor in de mode, hetgeen fraai wordt geïllustreerd door een van de eerste decadente 'happenings' in Parijs in de jaren veertig van de negentiende eeuw, toen de dichter Gérard de Nerval zijn huiskreeft uitliet in het park van het Palais Royal aan een blauw lint. Nieuwsgierigen vertelde hij dat hij zijn kreeft zo graag uitliet omdat die niet blafte en 'de mysteries van de diepte kende'.

Tegen 1886 had de beweging een eigen tijdschrift, *Le Décadent*, en was ze zo beroemd geworden dat er satire over werd gemaakt. Ook lag het decadentisme ten grondslag aan de *l'art pour l'art*-beweging en het individualisme, waardoor het een belangrijke stap was op weg naar het modernisme, zo niet stilistisch dan toch zeker conceptueel.

De 'decadenten', waren dichters, schrijvers en kunstenaars, onder wie Charles Baudelaire, Paul Verlaine, Arthur Rimbaud en Joris-Karl Huysmans (wiens roman *A Rebours*, gepubliceerd in 1884, de ultieme verhandeling over het decadentisme was). In Engeland liepen Oscar Wilde en Aubrey Beardsley voorop in de beweging. Behalve pervers, androgyn en cultusachtig was het decadentisme ook opzettelijk sensatiebelust. Het was zelfs een sport om de banaliteit van de bourgeoisie te parodiëren en te choqueren. De slogan werd: '*Epater le bourgeois*' (de bourgeoisie choqueren).

In het begin had keramiek weinig van doen met het decadentisme, maar tegen het eind van de eeuw, toen het symbolisme en de art

Early in the twentieth century, the sensuality of these styles was rejected in favor of a more austere aesthetics. Leach arrived with his artisanal view of ceramics and, at the same time, a much greater adversary of the Decadents took firm control of the arts – Modernism. Even though the nineteenth-century Decadents established some of Modernism's tenets, Decadence, both as style and as subject, was banished. In ceramics, Modernism argued, much like Leach, for purity, simplicity, and the primacy of function. Everything else was denounced as bourgeois. Decoration in particular was banished as the worst expression of middle-class taste, ignoring the fact that some of the best decoration had come from the tribal settings where it still flourishes, even today – hardly a bourgeois environment.

After World War II, Peter Voulkos, his followers and the so-called Abstract Expressionist Ceramics held sway. Voulkos was influenced both by the action painters of the New York School and the ceramics of Japan, particularly its tea-ceremony ware and the wood-fired jars of Shigraraki and Bizen. This movement was strongly anti-Decadent in its way. Voulkos and his followers essentially continued the tradition of the cottage pot: holistic, brown and fundamentalist but written large and with an exuberant organic abstraction.

Finally, Postmodernism began to open the doors to a renewal of Decadent play. It encouraged all that Modernism had banished – eclecticism, decoration, pattern, cultural appropriation, politics, polemics, highly personal content, incorporation of language, narrative and social commentary. While none of these elements are decadent per se, when combined they make for a heady brew.

In America, the main thrust for an aesthetics of excess came in the 1980s and its ground-breaking force was the Los Angeles artist, Adrian Saxe. He unapologetically took on the Palace Pot as a viable format for contemporary art, setting off on a path that took him in a very different direction to the dominant, California-based style of Voulkos and company. Given this macho, grunting, sweating, who-can-build-the-biggest-kiln climate of non-formalism and raw, gestural power, the route that Saxe took from the early 1970s, which he describes as a journey from Momoyama to Sèvres, seemed indefensibly effete. It was largely incomprehensible to most of the American ceramic world. At that time, court porcelains were considered the untouchables of the ceramics world, representing all that was wrong with Western art.

But Saxe's clearly formulated and informed understanding of the social and aesthetic implications of court porcelains, his refined eye for the politics of style and his masterful grasp of technique soon turned skepticism into a kind of awe when faced by the intelligence, sensuality, authenticity and seditious beauty of this objects. He began to make vases, teapots, bowls and other objects that represented the *esprit de corps* of court porcelains, first his *Antelope Jars* in the 1980s and then his *Gourd Vessels* of the 1990s. They did not directly resemble the forms of the eighteenth century in any literal sense, but Saxe was seeking to evoke the mood of the era without mimicking its shape.

He approached these objects first and foremost as instruments of privilege, which, besides their decorative function, is the role that court porcelains played in their time. European royalty owned the porcelain factories, so purchasing this work was as much a political act as an aesthetic choice, a means of winning favor at court. A garniture of five Sèvres vases strung across a mantelpiece was really a high-fired, china-painted membership card showing that its owner had the necessary wealth and perhaps taste to belong to the elite.

Saxe exploits technique *in extremis* to make a point. Unlike those ceramists who confuse technical prowess with art, Saxe uses technique to explore the seductiveness of beauty, particularly at a moment

nouveau ervoor in de plaats kwamen, begonnen keramisten uit de anonimiteit van de fabrieken te stappen en zich te presenteren als individuele kunstenaars. Dit resulteerde in het duistere, fascinerende werk van François-Rupert Carabin, de vloeiende sierlijkheid van Henry van de Veldes ontwerpen voor Meissen, Hector Guimards lyrische keramiek voor Sèvres, Edmond Lachenals vazen die wemelen van planten en hagedissen, Pierre-Clement Massiers bonte, iriserende objecten, Theodoor Colenbranders acid-tripdecoratie voor Rozenburg en natuurlijk de tamelijk radicale keramiek van Paul Gauguin.

In het begin van de twintigste eeuw kreeg een sobere esthetiek de voorkeur boven de sensualiteit van deze stijlen. Leach brak door met zijn ambachtelijke kijk op keramiek, en tegelijkertijd kwam een nog veel belangrijkere tegenstander van de decadenten aan de macht in de kunstwereld: het modernisme. Hoewel de negentiende-eeuwse decadenten een aantal van de basisprincipes van het modernisme hadden bedacht, werd het decadentisme als stijl én als onderwerp verbannen. Het modernisme was net als Leach een voorstander van zuiverheid, eenvoud en functionaliteit in de keramiek. Al het andere werd afgedaan als burgerlijk. Met name decoratie werd verworpen als een uiting van burgerlijke smaak, waarbij het er niet toe deed dat de fraaiste decoraties soms afkomstig waren van stammen die ze vandaag de dag nog steeds gebruiken – niet bepaald een burgerlijke omgeving dus.

Na de Tweede Wereldoorlog maakten Peter Voulkos en zijn volgelingen met de zo-genoemde abstract-expressionistische keramiek de dienst uit. Voulkos werd beïnvloed door zowel de actieschilders van de New Yorkse school als de keramisten uit Japan, vooral door het serviesgoed voor de theeceremonie en de houtgestookte potten van Shigraraki en Bizen. Deze beweging was sterk antidecadent. Voulkos en zijn volgelingen zetten overwegend de traditie van de Cottagepot voort: holistisch, bruin en fundamentalistisch, maar groot op-gezet en met een sterke organische abstractie.

Uiteindelijk bood het postmodernisme ruimte voor de terugkeer van decadente aspecten. Alles wat het modernisme had verbannen, werd aangemoedigd: eclecticisme, decoratie, patronen, culturele toepassingen, politiek, polemiek, sterk persoonlijke inhoud, het verwerken van taal, verhalende en sociale commentaren. Hoewel geen van deze elementen op zichzelf decadent zijn, vormen ze in combi-natie een enorme overdaad.

In Amerika kwam de belangrijkste impuls voor de esthetiek van overdaad in de jaren tachtig. De pionier was Adrian Saxe uit Los Angeles. Hij had de euvele moed om Paleispotten te beschouwen als een bruikbaar uitgangspunt voor hedendaagse kunst en een weg in te slaan die hem in een geheel andere richting bracht dan de dominante, Californische stijl van Voulkos en de zijnen. Gezien het machoklimaat van kreunen, zweten, wie-bouwt-de-grootste-oven, non-formalisme en brute kracht leek het pad dat Saxe begin jaren zeventig insloeg, en dat hij omschrijft als een reis van Momoyama naar Sèvres, een doodlopende weg. Het was onbegrijpelijk voor het merendeel van de Amerikaanse keramiekwereld. In die tijd werd hofporselein beschouwd als onaantastbaar – het stond voor alles wat fout was aan westerse kunst.

Maar Saxes helder geformuleerde en goed onderbouwde begrip van de sociale en esthetische betekenis van hofporselein, zijn fijne oog voor het spel van stijl en zijn meester-lijke beheersing van techniek zorgden al gauw voor een ommekeer. De sceptici kregen ontzag voor de intelligentie, sensualiteit, authenticiteit en opstandige schoonheid van zijn objecten. Hij begon met het maken van vazen, theepotten, schalen en andere objecten die het *esprit de corps* van hofporselein vertegenwoordigden, eerst met zijn *Antelope Jars* in de jaren tachtig en daarna zijn *Gourd Vessels* uit de jaren negentig. Ze leken niet direct op de vormen van de achttiende eeuw, maar Saxe probeerde de stemming van dat tijdperk op te roepen zonder de vorm na te bootsen.

Hij benaderde deze objecten in de eerste plaats als uitingen van een bevoorrechte positie, want afgezien van hun decoratieve

in time when it has been banned by the Conceptualists who currently rule the aesthetic debate. For instance, he might surface a single teapot with as many as five gold glazes, each with a different tone, texture and pattern. His vases are the high-priced call girls of ceramics, flashy and immodest (he refers to the final low-fire surfaces as 'putting on the make-up'), and they are there to encourage the viewer to sin. They urge one to disobey the moralistic admonitions of Morris, Leach and Modernism against this kind of extravagance, inviting one into world of sensation and pleasure. Saxe's ideal scenario is that one falls in love with these elegant, witty, smart and opulent objects and yet at the same time one hates oneself for enjoying forbidden fruit, a conundrum that goes back to Adam and Eve.

While Anne Kraus was a great admirer of Saxe's work, she was able to travel the same roads as Saxe but produce a completely different result. It is the most gentle and austere work of this genre, but yet can be surprisingly biting and painful because of her emotional candor.

Kraus's moment of creative epiphany came at the age of twenty-eight while standing in front of a showcase of Sèvres vases in New York's Metropolitan Museum of Art, which she had often visited. But at that moment it struck her what was 'wrong' with these objects. Grand and beautiful, they were also vapid exercises in formal skill but without heart or soul. The employment of so much beauty and skill to so little emotional end both disturbed and motivated her. The vignettes and texts that are painted on her cups, bowls, plates, teapots and vases are derived from her dream diaries. Her writing is pithy, poetic, and free of any triteness or sentimentality. Each object is a journey taken through a dreamscape, exploring desire, rejection, sexuality, unrequited love, fear and doubt. Kraus often used objects from Meissen and Sèvres as a starting point for her forms,

recreating them with deliberate crudeness (wobbly, inelegant, asymmetrical, and with seam marks from the molding process still rudely on view). But she also enjoyed working from second and third generation populist vulgarizations of the court porcelains such as the late nineteenth-century wares of RS Prussia for instance (a ware that her grandmother collected).

For an artist who drank from the Decadent well, there is a surprising austerity in Kraus's work – just a hint of the Puritan. Kraus is closer to the Decadent tradition in content than in her visual style, which can be spare and almost childlike in its directness. Yet her subject matter is a perfect fit with the *fin-de-siècle* spirit of *ennui*, pessimism and inevitability.

Cindy Kolodziesjki, on the other hand, does not blink when faced by the most indulgent hedonism. She embraces it all with a hunger for ornament that is both catholic and Catholic. Elaborate handles sprout from her vessels that stand on extravagant bases. Handles shoot out in every direction. Forms undulate with sexual restiveness. She masterfully brings it all together with an instinct for elegance of line and proportion that is unmatched in the field.

Her work is based partly on finding the baroque spirit hidden in everyday contemporary objects. She converts children's lunchboxes into elaborate teapots. In common with Saxe, she turns industrial bric-a-brac into complex ceramic finials and handles. On her vessels, these functional components – cog wheels, brackets, *objets trouvés*, and other items that have fallen from passing trucks – far from appearing incongruous on the sides of palace pots, take on a ornamental inevitability as though they were pre-destined to be become decorative objects.

Kolodziesjki does not create or sculpt her forms but molds them from unlikely and everyday sources – laboratory equipment is her current obsession. Then she cuts and assembles the molded elements to build

functie was dát de rol van hofporselein in
vroeger tijden. De porseleinfabrieken waren
het eigendom van de Europese koningshuizen,
dus was het kopen van dit werk net zo goed
een politieke daad als een esthetische keuze,
een manier om in de gunst van het hof te
komen. Een kaststel van vijf Sèvres-vazen was
in feite een gebakken en beschilderde lidmaatschapskaart, waar op stond dat de eigenaar
genoeg geld en misschien ook wel smaak had
om tot de elite te behoren.

Saxe gebruikt techniek *in extremis* om zijn
bedoeling duidelijk te maken. Anders dan
keramisten die technische vaardigheden
verwarren met kunst, gebruikt Saxe techniek
om de verleidelijkheid van schoonheid uit
te werken, met name in een tijd waarin de
conceptualisten, die de overhand hebben in de
discussie over esthetiek, daar niets van willen
weten. Zo kan hij op een theepot wel vijf lagen
goudglazuur aanbrengen, elk met een andere
toon, een andere textuur en een ander patroon.
Zijn vazen zijn de dure callgirls van de keramiek,
opzichtig en uitdagend (de laatste op lage
temperatuur gestookte lagen noemt hij 'make-
up aanbrengen'). Ze zijn er om de toeschouwer
tot zondigen aan te zetten. Ze proberen hem
zover te krijgen dat hij niet luistert naar de
moralistische preken van Morris, Leach en het
modernisme, en een wereld van sensatie en
genot binnenstapt. Saxes ideale scenario is
dat de toeschouwer verliefd wordt op deze
elegante, geestige, slimme en weelderige
objecten en tegelijkertijd zichzelf haat omdat
hij van de verboden vrucht eet, een dilemma
dat teruggaat tot de tijd van Adam en Eva.


Hoewel Anne Kraus een groot bewonderaarster
van Saxes werk was, bleek zij in staat om
dezelfde wegen te bewandelen als hij, maar
een totaal ander resultaat te produceren.
Haar werk is het zachtst en soberst in dit genre,
maar kan toch verrassend scherp en pijnlijk
zijn vanwege haar emotionele openheid.

Kraus' moment van creatieve openbaring
kwam toen zij 28 was en voor een vitrine met
Sèvres-vazen stond in het Metropolitan
Museum of Art in New York. Hoewel ze daar
al vaak was geweest, zag ze ineens wat er 'niet

klopte' aan deze objecten. Ze waren groots
en mooi, maar tegelijkertijd waren het holle
oefeningen in techniek zonder hart of ziel.
Het gebruik van zo veel schoonheid en
technische vaardigheid voor een zo gevoel-
loos doel zat haar dwars én motiveerde haar.
De vignetten en teksten die op haar koppen,
kommen, borden, theepotten en vazen zijn
geschilderd, zijn afkomstig uit haar droomdag-
boeken. Haar teksten zijn kernachtig en
poëtisch, vrij van clichés of sentimentaliteit.
Elk object is een reis door een droomlandschap
waarin we verlangen, afwijzing, seksualiteit,
onbeantwoorde liefde, angst en twijfel tegen-
komen. Kraus nam vaak objecten van Meissen
en Sèvres als uitgangspunt voor haar vormen
en creëerde ze dan opzettelijk grof opnieuw
(wiebelig, onelegant, asymmetrisch en met
de gietnaden van de mal nog duidelijk te zien).
Ook ging ze graag uit van tweede- en derde-
generatie populistische vulgarisaties van
het hofporselein, zoals de eind negentiende-
eeuwse objecten van RS Prussia (die haar
grootmoeder verzamelde).

Voor een kunstenares die zich laafde aan
het decadentisme is het werk van Kraus verrassend strak – met zelfs een vleugje puritanisme.
Kijken we naar de inhoud, dan staat Kraus
dicht bij de traditie van het decadentisme.
Haar visuele stijl is echter zo direct dat
hij haast sober en kinderlijk te noemen is.
Toch passen haar onderwerpen perfect
binnen de fin-de-sièclestemming van verveling,
pessimisme en onvermijdelijkheid.


Cindy Kolodziesjki daarentegen verblikt of
verbloost niet bij het meest overmatige hedonisme. Zij grijpt het allemaal begerig aan met
een allesomvattende honger naar ornamenten.
Rijkversierde handvatten ontspruiten aan
haar vormen die op extravagante voeten staan.
Handvatten schieten alle kanten op. Vormen
kronkelen in seksuele ongedurigheid. Ze maakt
er op meesterlijke wijze een geheel van met
een ongeëvenaard instinct voor elegantie van
lijnen en verhoudingen.

Haar werk is gedeeltelijk gebaseerd op de
zoektocht naar de barokke geest in hedendaagse gebruiksvoorwerpen. Ze verandert

her pieces. Kolodziesjki's images are punchy, often invoking the axis of sex, death and the grotesque, a favorite recipe of the nineteenth-century Decadents, particularly in their poetry.

Leopold Foulem differs from the others in this group because he is more of a conceptualist at heart and just a bit less of a hedonist but, much as he might dislike the label, he is also a neo-Decadent. The actual hands-on making of the pieces is not important to Foulem, even though his objects are immaculately crafted. In a sense, this French Montréal artist is a continuation of the cerebral approach of Duchampian object-making and its relationship to that peculiarly French brand of wordplay and puns.

Foulem's true clay is not mud but the history of ceramics, which he digs up, refines and converts into queries. He does not revel in the plasticity of clay nor does he wax eloquent about its wet, urgent eroticism. To Foulem, clay is simply the messenger. The messages are complex, about the nature of art, the deceptiveness of perception, the role of utility in our lives, and the politics of the decorative.

The one common theme in his work is obstructed function. From teapots made of chicken wire that are dipped in slip and fired to his elaborate vessels contained within found metal stands with their totally sealed interiors, any attempt to approach the reality of function in his work is blunted. It is as though Foulem is saying, 'No, you cannot access my work through utility. Retrace your steps and find another entrance point.'

What I consider his decadent *tours de force* are the works in which the focus is reversed from the foot to a globular form that grows out of the mouth of the vessel. This globe represents a stylized bunch of flowers in a vase, a gaudy profusion of blooms: decals, courtesy of the hobby shop. This is juxtaposed against the decoration on the vase itself. The vases and their floral displays (drawn from what is known as the *Thousand Flower* design from the end of the Qianlong period) create a riot of over-statement and about as much irony as a single vase can contain. This is stylistic cannibalism out on a hunting expedition. And yet, as vulgar and second-hand as the sources of his surfaces might be, his objects are actually astoundingly beautiful.

Decals are also the stock in trade of the British artist Grayson Perry. His work certainly deals with decadence. Britain's monarchs strut across his vessels with giant erections (both real and strap-ons), contemplating sexual acts with animals and children, and surrender to bondage and mutilation. He works in an unsanctioned zone that is not usually found on the forms of the decorative arts. His surfaces and, at times, his crude inscriptions are more likely to be encountered on public toilet walls. In part, his work is about exposing the perversity in British culture, the bizarre and unsettling acts that come from repression and outward conformity. In one memorable vase, *Y-Fronts with Roses*, he converts Prince Charles and Lady Diana into fellow cross-dressers, simply by cutting their heads off their decal images and replacing one with the other.

But Perry's difference in his approach to the Palace Pot is different from the others in its general absence of refinement. Like his hero, the nineteenth-century visionary Essex folk artist Edward Bingham, he treats his craft with a powerful coarse-ness. Of course Bingham's was a conse-quence of his poverty, poor materials, and lack of education. Perry's vulgarity is a matter of choice. All of this has placed Perry in a unique position in British art. He is the single most influential artist amongst emerging ceramists, even though most deny his paternity in their work.

Laszlo Fekete lives and works in Budapest and employs decadence in a way that is

lunchtrommeltjes in rijkversierde theepotten.
Net als Saxe maakt zij ingewikkelde bekroningen
en handvatten van industriële snuisterijen.
Op de wanden van haar Paleispotten lijken
deze functionele componenten – tandraderen,
haken, *objets trouvés* en allerlei andere spullen
waar ze tegenaan loopt – beslist niet misplaatst
en krijgen zij juist een ornamentele onvermijdelijkheid, alsof ze voorbestemd waren om
decoratieve objecten te worden.

Kolodziesjki bouwt haar vormen niet op,
maar gebruikt ongewone en alledaagse voorwerpen als mal: momenteel is ze helemaal
geobsedeerd door laboratoriumapparatuur.
Daarna snijdt ze de gevormde elementen bij en
stelt ze er haar object van samen. Kolodziesjki's
beelden zijn energiek. Ze draaien vaak om
seks, de dood en het groteske, wat ook een
favoriet recept was van de negentiende-
eeuwse decadenten, vooral in hun poëzie.

Leopold Foulem verschilt van de anderen in
deze groep omdat hij diep in zijn hart meer een
conceptualist is en iets minder een hedonist.
Toch is ook hij een neodecadent, hoewel hij
misschien niet blij is met dit etiket. Het eigen-
lijke werken met klei is niet belangrijk voor
hem, ook al zijn zijn objecten met perfect
vakmanschap gemaakt. In zekere zin zet
deze Franstalige kunstenaar uit Montreal de
verstandelijke benadering van het maken van
objecten volgens Duchamps voort. Toch is in
zijn werk duidelijk die karakteristieke humor
waar de Fransen patent op hebben, te zien.

In feite werkt Foulem niet met klei, maar
met de geschiedenis van keramiek, die hij
opgraaft, verfijnt en omzet in vragen. Hij geniet
niet van de soepelheid van klei, raakt niet in
hoger sferen van het natte, erotische spul.
Voor Foulem is klei niet meer dan de bood-
schapper. De boodschappen zijn complex en
gaan over de aard van kunst, de bedrieglijkheid
van de waarneming, het nut in ons leven en
de politiek van het decoratieve.

Het enige gemeenschappelijke thema in
zijn werk is geblokkeerde functie. Van de theepotten van kippengaas, in dunne klei gedoopt
en gestookt, tot zijn ingewikkelde objecten
die in houders van gevonden metaal staan met

hun volmaakt afgedichte binnenkant, wordt
iedere poging om de realiteit van functie in zijn
werk te benaderen, onmogelijk gemaakt. Het is
alsof Foulem zegt: 'Nee, via bruikbaarheid
kun je mijn werk niet binnendringen. Ga maar
terug en zoek een andere manier om binnen
te komen.'

Wat ik als zijn decadente toppers beschouw
zijn de werken waarin de aandacht vanuit de
voet naar een bolvorm gaat die uit de mond
van de pot groeit. Deze bol vertegenwoordigt
een gestileerde bos bloemen in een vaas, een
protserige overdaad aan bloemen: plakplaatjes
(met dank aan de hobbywinkel)! Dit alles
steekt af tegen de decoratie op de vaas zelf.
De vazen en hun bloemen (overgenomen van
wat wel bekend is als het *Millefleurs*-decor
van het eind van de Qianlong-periode) creëren
een overvloed van overstatement en een
maximum aan ironie. En dat allemaal in één
vaas. Dit is stilistisch kannibalisme op safari.
En toch, al zijn de bronnen van zijn objecten
nog zo vulgair en tweedehands, eigenlijk zijn
ze verpletterend mooi.

Plakplaatjes zijn ook een handelsmerk van de
Britse kunstenaar Grayson Perry. In zijn werk
gaat het echt om decadentie. De koningen
van Engeland stappen op zijn potten rond met
reusachtige erecties (zowel echt als aan-
gegord), denkend aan seksuele handelingen
met dieren en kinderen, en geven zichzelf over
aan bondage en verminking. Hij werkt in een
niet erkend gebied dat zelden betreden wordt
in de beeldende kunst. Zijn oppervlakken en
soms ook zijn grove inscripties zijn eerder iets
dat je tegenkomt op de muur van een openbaar
toilet. Zijn werk heeft deels te maken met
het naar buiten brengen van de perversiteit in
de Britse cultuur, de bizarre en schokkende
handelingen die voortvloeien uit onderdrukking
en ogenschijnlijke conformering. In één
gedenkwaardige vaas, *Y-Fronts with Roses*,
maakt hij van prins Charles en lady Diana twee
travestieten, gewoon door hun hoofden van
de plakplaatjes te knippen en op elkaars romp
te zetten.

Maar Perry's verschil in benadering van de
Paleispot wijkt af van de anderen doordat zijn

labyrinthine and the most complex of our octet. In the other artists, one senses a certain distance between them and their subject, an objective divide that each has decided is a necessary buffer. This 'no-man's land' gives them the perspective needed to parse the past without becoming its captive. In Fekete's case, one sees no such defenses, no neutral zone in which he is safe from his subject.

The decadence that Fekete analyzes in his art, over five hundred years of cultural rape and pillage in Hungary, from the Habsburgs to the Communists, is not only something that he feels very deeply but is also an emotion that totally overpowers him at times, engulfing his mind like a mud-slide. This in turn translates through his hands into remarkably layered, complex works.

Decadent art is pessimistic of the human condition in many ways. It accepts the persistent cycle of birth and rot, the constant swing from reforming to deforming, even relishing in its decay. This merging of beauty and ruin is another common theme in Decadent literature. This dark ethos is more apparent in Fekete's work than in that of the other artists; however it is always modulated by the artist's humor, even if, at times, it is laughter from the dark.

*Wildlife Memorial Soup Tureen* (2001) is an example. The actual piece is rather gory, elephants with missing parts spurting blood across a large abstracted tureen built from broken elements. At first the political correctness of the title is amusing. But slowly the object takes on many additional layers of meaning. Some may see it just as a plea of animal rights but in doing so they will miss the point. Fekete is not a propagandist. He rather tries to unleash all the reflexive ironies that surround this subject matter, casting his object into a world in which we still slaughter millions of our own each year, yet are more concerned with the fate of endangered pachyderms.

In common with many of the objects in this exhibition itself, the tureen's natural habitat is the dining room table. This prods the imagination to conceive what kind of dinner party could possibly use this as a centerpiece. Because this also involves food, the tureen and other objects from the table generate deeply atavistic impulses, a buffet of thought about everything from survival to gluttony. It even conjures ruminations about the food chain, and its cultural counterpart, class. One could spend a year with this masterful object and not be able to come to the end of the meanings, metaphors and mayhem that it unleashes.

David Regan would probably blush if one called him a Decadent. He lives a simple life in Montana, one of America's most rural of states. His specialty is the tureen and most of his work over the past ten years has been based on this form. They began rather simply as borscht tureens, expressing his Russian background. But by degrees they have grown more and more outrageous.

Not all their themes stimulate comfortable discussion around a dinner table. There is a series of tureens based upon menstruation and the cycles of the moon, and another group of bouillabaisse tureens is composed of compacted fish standing in a tray of seemingly liquid mercury.

The last of the eight artists, Marek Cecula, is an internationalist – Polish, Israeli and American in various ever-changing proportions. He is also a Renaissance man. He makes some of the most influential sculptural work in America. He designs for factories, produces his own lines of design objects, and he is a pioneer in bringing the complex clays from advanced ceramics, usually used to make scissors, scalpels, engine blocks and hip joints, to the dinner table with wonderful refinement.

Cecula is a master in playing with the contradictions of beauty and ruin. In one piece, a dinner plate called *Diana* (1998), the image of Princess Diana is smashed

werk in het algemeen niet verfijnd is. Net als
zijn grote voorbeeld, Edward Bingham, de
negentiende-eeuwse visionaire volkskunste-
naar uit Essex, wordt zijn werk gekenmerkt
door een krachtige grofheid. In Binghams geval
was dat uiteraard een gevolg van armoede,
slechte materialen en een gebrek aan oplei-
ding. Perry's vulgariteit s een bewuste keuze.
Dit alles plaatst Perry in een unieke positie in
de Britse kunst. Hij is de invloedrijkste kunstenaar onder opkomende keramisten, hoewel
de meesten ontkennen dat hij invloed heeft
op hun werk.

Laszlo Fekete woont en werkt in Boedapest
en gebruikt decadentie op een labyrintische
manier – de meest complexe van ons achttal.
Bij de andere kunstenaars bestaat er een
zekere afstand tussen hen en hun onderwerp,
een objectieve scheidslijn die ieder van hen
heeft getrokken als een noodzakelijke buffer.
Dit 'niemandsland' geeft hen de benodigde
afstand om het verleden te kunnen analyseren
zonder er zelf in verstrikt te raken. Fekete heeft
niet zo'n bufferzone om op veilige afstand van
zijn onderwerp te blijven.

De decadentie die Fekete in zijn kunst
analyseert, meer dan vijfhonderd jaar culturele
verkrachting en plundering in Hongarije van de
Habsburgers tot de communisten, is iets dat hij
zeer diep voelt, maar is ook een emotie die hem
soms volledig overweldigt en zijn geest als een
modderlawine overspoelt. In zijn handen wordt
dit weer vertaald in opmerkelijk gelaagde,
complexe werken.

Decadente kunst staat in vele opzichten
pessimistisch tegenover het menszijn. Ze om-
armt de aanhoudende cyclus van geboorte
en verrotting, de constante afwisseling van
vervorming en misvorming, en geniet zelfs
van het verval. Ook deze samensmelting van
schoonheid en verval is een steeds terug-
kerend thema in de decadente literatuur.
Dit duistere ethos komt in Feketes werk duide-
lijker naar voren dan in dat van de andere
kunstenaars, maar wordt toch altijd genuan-
ceerd dankzij zijn humor, al is het dan galgen-
humor. *Wildlife Memorial Soup Tureen* (2001)
is een goed voorbeeld. Het stuk op zich is

nogal bloederig: olifanten met ontbrekende
onderdelen waaruit bloed spuit over een
grote geabstraheerde terrine, opgebouwd uit
gebroken elementen. Op het eerste gezicht is
de politieke correctheid van de titel amusant.
Maar geleidelijk krijgt het object een aantal
nieuwe lagen van betekenis. Sommige mensen
zien het misschien als een gewoon pleidooi
voor dierenrechten, maar die hebben de
bedoeling niet begrepen. Fekete is geen
propagandist. Het is eerder zo dat hij probeert
de ironie van dit onderwerp weer te geven
door zijn object in een wereld te plaatsen
waarin we nog steeds jaarlijks miljoenen
exemplaren van onze eigen soort afslachten,
maar ons meer bezighouden met het lot van
bedreigde dikhuidigen.

Net als veel van de objecten die op deze
tentoonstelling te zien zijn, is de natuurlijke
leefomgeving van deze terrine de eettafel.
Dit prikkelt de fantasie: bij wat voor diner zou
zoiets op tafel staan? Omdat voedsel hier een
belangrijk aspect van is, genereren de terrine
en andere objecten op tafel diepatavistische
impulsen, een buffet aan gedachten over van
alles en nog wat, van overleving tot vraatzucht.
Het roept zelfs overpeinzingen op over de
voedselketen en klasse als diens culturele
tegenhanger. Je zou een jaar lang kunnen
doorbrengen met dit meesterlijke object en
nog niet aan het einde gekomen zijn van alle
betekenissen, metaforen en onrust die het
oproept.

David Regan zou waarschijnlijk blozen als
hij hoorde dat hij decadent werd genoemd.
Hij leidt een eenvoudig leven in Montana, een
van de meest landelijke staten van Amerika.
Zijn specialiteit is de terrine – de afgelopen
tien jaar is zijn werk meestal gebaseerd
geweest op deze vorm. In het begin waren het
vrij eenvoudige borschtterrines, waarmee hij
uitdrukking gaf aan zijn Russische achtergrond, maar geleidelijk aan werden ze steeds
buitenissiger.

Niet alle thema's zijn prettig om over te
praten tijdens het diner. Zo heeft hij een serie
terrines gemaakt gebaseerd op menstruatie
en de maancyclus. Ook is er een serie bouilla-

into a concrete square, shattered and yet still maintaining the face of this icon, distressingly identifiable. In another work *Shard* (1998), from a series entitled *Violations*, a pristine white plate has been recreated around a small shard, emblazoned with a swastika. Cecula, a self-exiled Polish Jew with a father who had been interned in Dachau, found the shard in 1979 on a Baltic beach during his first visit to his homeland in twenty-five years. The tiny shard was once part of a Nazi dinner service. Despite its size this fragment screams at the viewer from within the calm of the white orb of the plate. More beauty and ruin.

In 1998, during a recent stint of designing at a factory in Poland, Cecula watched an endless procession of hundreds and thousands of perfectly cast, perfectly glazed, and perfectly fired white tea and coffee services glide down a moving line. Day in and day out this production traveled by on its moving belt, headed towards the decorating room or the packing department. In watching this he began to realize that he found perfection much more disturbing and threatening than imperfection. So he cast some of these services himself but then in the same surface style allowed deformities to intrude, porcelain goiters, cancerous growths, warts and malignant growths of all types and sizes. Some extended below the foot of the vessels so they could not stand upright but tilted dizzily to one side.

But his prize for excess is his *Porcelain Carpet Project* in 2002. Cecula took a nineteenth-century Indian carpet, twelve feet by sixteen, photographed it, and then made a full-color decal just a little smaller than the actual size of the carpet and transferred this to a grid of 192 ten-inch dinner plates. As Roberta Lord writes, this creates a strange visceral ambivalence, 'The carpet message – "walk" – doesn't override the material message – "don't walk".' It is also about craft and industry, showing the pixilated image of a hand-made rug against machine-made plates. It is also about culture and values. Oriental rugs and porcelain both invoke what Cecula sees as 'noble domestic objects with Eastern origins that have come to confer status upon their wealthy owners', yet the plates are cheap and the carpet is virtual. It is the mind of the artist that now confers value to this ambitious artwork.

In closing, I imagine that Messrs. Baudelaire, Huysmans, Verlaine, Wilde and Beardsley would applaud the indestructibility of the Decadent art movement and the bravura of this exhibition. Perhaps they would also notice that ceramics, once considered the least decadent of media, has carved out a very real niche for itself in this florid style of expression. Its connection to daily life (not to be confused with *everyday* life) allows it to explore decadence in a different manner to that of, say, literature or painting. Ceramics is rooted in intimacy, tactility and sensuality and can thus bypass the intellect and insinuate itself through feelings and touch. This does not mean that it cannot also engage the mind but does so though the backdoor of our senses.

Moreover, these seemingly domestic devices are accessible because they are familiar and comforting and suggest use. We imagine ourselves sipping ambrosia, lifting a cup to our lips, ladling soup from a tureen or serving up some exotic concoction out of a compote. Because of this domestic friendliness and familiarity, pots often tug us unresisting and unsuspecting into enjoying a level of perversity we might ordinarily resist in another medium. Ceramics is effective in creating a voyeuristic bond of complicity between artist and viewer, maker and user, hand and mouth, head and heart.

What makes this voyeurism powerful is that decadence has the *frisson* of vice, a taste of the forbidden. It carries the risk that it might pervert our aesthetic fiber. We may become degenerate and lose our moral compass. Taking this risk, being a little indulgent and trying to travel along

baisseterrines van samengeperste vissen,
staande op een schaal van, zo lijkt het, vloeibare kwik.

De laatste van de acht kunstenaars, Marek
Cecula, is letterlijk internationaal: Pool,
Israëliër en Amerikaan in uiteenlopende,
steeds wisselende verhoudingen. Bovendien is
hij een universeel genie. Zijn sculpturale werk
behoort tot het meest invloedrijke van Amerika.
Hij ontwerpt voor fabrieken, produceert zijn
eigen lijnen van designobjecten en is een
pionier in het verwerken van hoogwaardige
keramiek, die meestal wordt gebruikt voor
scharen, scalpels, motorblokken en heupge-
wrichten, tot uiterst verfijnde eettafelobjecten.
Cecula speelt op meesterlijke wijze met
de tegenstellingen van schoonheid en verval.
In één stuk, een dinerschaal getiteld *Diana*
(1998), is de beeltenis van prinses Diana kapot
gesmeten op een vierkant stuk beton. Het ligt
totaal aan gruzelementen, maar toch is het
gezicht van deze icoon behouden gebleven en
is het nog gruwelijk herkenbaar. In een ander
werk, *Shard* (1998), uit een serie getiteld *Violations*, heeft hij een maagdelijk witte schaal
gemaakt rondom een kleine scherf waarop
een swastika te zien is. Cecula, een Poolse jood
wiens vader in Dachau heeft gezeten, vond de
scherf in 1979 op een strand aan de Baltische
Zee, toen hij zijn vaderland na vijfentwintig jaar
zelfgekozen ballingschap voor het eerst weer
bezocht. De scherf heeft ooit deel uitgemaakt
van een nazi-eetservies. Hoe klein ook, deze
scherf schreeuwt naar de toeschouwer vanuit
de stilte van de witte schaal. Nog meer schoonheid en verval.
In 1998, tijdens een ontwerpklus in een
fabriek in Polen, stond Cecula te kijken naar
een eindeloze stoet van honderden, duizenden
perfect gegoten, perfect geglazuurde en perfect
gestookte witte thee- en koffieserviezen over
een lopende band. Dag in, dag uit zag hij
deze producten voorbijkomen, op weg naar
de decoratieruimte of de verpakkingsafdeling.
Hij begon zich te realiseren dat hij perfectie
veel verontrustender en bedreigender vond
dan imperfectie. Daarom besloot hij een aantal
van deze serviezen zelf te gieten. Hij liet echter

in dezelfde oppervlaktestijl misvormingen
ontstaan – bulten, kankergezwellen, wratten
en kwaadaardige tumoren in allerlei soorten
en maten. Een aantal daarvan kwamen onder
de voet van de kopjes uit, zodat ze niet rechtop
konden staan, maar scheef hingen.
Zijn *Porcelain Carpet Project* van 2002 is
een topper in extravagantie. Cecula nam een
negentiende-eeuws Indiaas vloerkleed van
vier bij vijf meter, fotografeerde het en maakte
vervolgens van de foto een overdruk die net
iets kleiner was dan de ware grootte van het
kleed. Deze bracht hij over op een raster van
192 dinerborden. Roberta Lord schrijft dat dit
een vreemde, instinctieve ambivalentie oproept:
'De boodschap van het kleed – "lopen" – is
even dringend als de boodschap van het
materiaal – "pas op".' Het heeft ook te maken
met ambacht en industrie, omdat het een
verwarrend beeld is van een handgemaakt
kleed op machinaal gemaakte borden.
Bovendien heeft het te maken met cultuur en
waarden. Oosterse tapijten en porselein zijn
volgens Cecula allebei 'edele huishoudelijke
voorwerpen van oosterse herkomst die hun
welgestelde eigenaren een bepaalde status
geven', maar de borden zijn goedkoop en
het kleed is virtueel. Het is de geest van de
kunstenaar die dit ambitieuze kunstwerk
waardevol maakt.

Concluderend denk ik dat de heren Baudelaire,
Huysmans, Verlaine, Wilde en Beardsley blij
zouden zijn met de onverwoestbaarheid van
decadentisme als kunstbeweging en met de
bravoure van deze tentoonstelling. Misschien
zouden ze ook wel opmerken dat keramiek,
die vroeger beschouwd werd als het minst
decadente medium, inmiddels een geheel
eigen plek heeft veroverd in deze bloemrijke
stijl van expressie. Omdat keramiek gekoppeld
is aan het dagelijks leven (niet te verwarren
met het *alledaagse* leven) is het mogelijk om
decadentie op een andere manier te onderzoeken dan bijvoorbeeld in de literatuur
of schilderkunst. Keramiek is geworteld in
intimiteit, tastbaarheid en sensualiteit en kan
daarom voorbijgaan aan het intellect en on-
gemerkt binnendringen via gevoel en aanraking.

this journey into decadence while keeping one's integrity intact is the challenge for all of these artists. But one has to have the courage to be just a little deviant. As the Marxist writer Benedetto Croce wrote in the 1920s: decadence in modern art has much the same spirit as the baroque, and it requires one to accept that this style, language and imagery are intrinsically a 'concrete historical form of aesthetic sinfulness.'

Dat betekent niet dat de geest niet een rol kan spelen, maar dat gebeurt dan via de achterdeur van onze zintuigen.

Bovendien zijn deze zogenaamde huishoudelijke artikelen toegankelijk omdat ze bekend en geruststellend zijn en eruitzien als gebruiksvoorwerpen. We zien onszelf al aan de ambrozijn nippen, een kop naar onze lippen brengen, soep uit een terrine lepelen of het een of andere exotische brouwsel uit een compoteschaal opdienen. Juist vanwege deze huiselijke vriendelijkheid en herkenning krijgen deze keramische objecten ons nietsvermoedend en gewillig zover dat wij genieten van een niveau van perversiteit waartegen we ons normaal gesproken misschien zouden verzetten, als er een ander medium was gebruikt. Keramiek schept op een effectieve manier een voyeuristische band van medeplichtigheid tussen de kunstenaar en de toeschouwer, de maker en de gebruiker, de hand en de mond, het hoofd en het hart.

Wat dit voyeurisme zo krachtig maakt is het feit dat decadentie die rilling van verdorvenheid geeft, die sensatie van alles wat verboden is. Er bestaat een risico dat het ons esthetisch karakter aantast. We kunnen er verdorven van worden en er ons morele kompas door kwijtraken. Het nemen van dit risico, een beetje toegeven en deze zoektocht door het decadentisme proberen te maken met behoud van de eigen integriteit, is de grote uitdaging voor al deze kunstenaars. Maar je moet wel het lef hebben om een beetje afwijkend te zijn. Zoals de marxistische schrijver Benedetto Croce in de jaren twintig al schreef, is de geest van het decadentisme in de moderne kunst vergelijkbaar met die van de barok, en moeten wij accepteren dat deze stijl, taal en beelden in wezen een 'concrete historische vorm van esthetische zondigheid zijn'.

SUBTLE

SUBTIEL

Many dinner services make an appeal to our sensitivity. Artists seek the utmost refinement in material and decoration. They work with wafer-thin porcelain and play with light. Translucence and reflection, shadow and depth, the shine in the glaze or a soft lustre: the more fragile, the more desirable!

### 115  Piet Stockmans

Leopoldsburg, Belgium, 1940

*Champagne for a Full House*, 2001, porcelain, 90 champagne beakers h. 12.5 cm, Ø 3 cm, tableau l. 85 cm, w. 30 cm

A champagne glass in porcelain is an extremely rare object. Where does the cup end and the glass begin? Stockmans believes that if you have something to celebrate you should ensure that you have enough glasses.

### 116  Diane Sol

Kigali, Rwanda, 1981

*Sexy Service*, 2002, porcelain, cups Ø 6 cm

Casts of cups have been 'upholstered' with all kinds of pantyhose, then sprayed with casting porcelain and fired once again. Nothing is as sexy as drinking coffee through the mesh of ladies' pantyhose.

### 117  Edward van Vliet

Winterswijk, the Netherlands, 1965

*Nour*, 2001, porcelain with gold glaze, teapot h. 23 cm, small teapot h. 10.5 cm, mugs h. 8.5-12 cm, Ø 6.5-9 cm, realized in conjunction with the European Ceramic Work Centre, Den Bosch, the Netherlands

*Nour* is a special service for the *Fusion* kitchen. The multifunctional components are suitable for serving food from all kinds of gastronomic cultures.

### 118  Ettore Sottsass

Innsbruck, Austria, 1917

two teapots from *The Indian Memory* series, left: *Cardamon, Prova I*, glazed stoneware, h. 28.5 cm, w. 21 cm, right: *Lapislazzuli*, unnumbered, glazed stoneware, h. 20 cm, w. 19 cm, design 1972, realized in conjunction with Alessio Sarri in Sesto Fiorentino, Italy, final production by Anthologie Quartett, Bad Essen, Germany, in 1987, from the collection of Erik and Petra Hesmerg, Sneek, the Netherlands.

In his designs, Sottsass researches the higher laws of aesthetics. He plays with architectonic volumes and subtle incidence of light.

### 120  Borek Sipek

Prague, erstwhile Czechoslovakia, 1949

*Todinefor 13 and 14*, 2002, limited issue, commissioned by Galerie Steltman, Amsterdam, porcelain with lustre glazing, teapot h. 17.5 cm, plates Ø 20.5-27.5 cm, cups h. 8 cm, Ø 8 cm, large bowl Ø 14 cm, from the collection of the Princessehof, Leeuwarden

The plates from this romantic dinner service have the allure of fine linen. A stacked set of plates creates a rich variety of serrated, filigree edges. The glittering yellow lustre, the distinct shapes, and the generous bowls make this service a decadent object of lust.

### 121  Jurgen Bey

Soest, the Netherlands, 1965

coffeepot from the *1160 minutes* service, from the *Nothing New!* series, 2003, Friesian yellow clay with tin glazing, h. 34 cm, currently in production at Koninklijke Tichelaar Makkum

The shape of this coffeepot was created by combining the casts used to make various old dinner services. The scarcely visible, hand-painted decoration imitates carbon-leaf imprints. In traditional earthenware, such templates function as an aid for neatly applying the finishing painting. Bey has chosen typically Dutch motifs such as sailing boats and dairymaids.

### 122  Simone van Bakel

Weert, the Netherlands, 1966

*Lust for Light*, 2003, porcelain with phosphorescent pigment, total size 1 x 1.5 m

This service plays with the tendency towards 'light' calorie items in our gastronomic culture. The solid components can only be filled with light snacks. The service glows in the dark.

Veel serviezen doen een appèl op onze gevoeligheid voor het delicate. Kunstenaars zoeken naar het uiterste raffinement in materiaal en decoratie. Ze werken met flinterdun porselein en spelen met licht. Doorschijnen en reflecteren, schaduwwerking, glans in het glazuur of een zacht luster: hoe kwetsbaarder, des te begeerlijker!

### 115 Piet Stockmans

Leopoldsburg, België, 1940

*Champagne for a Full House*, 2001, porselein, 90 champagnebekertjes h. 12,5 cm, Ø 3 cm, tableau l. 85 cm, br. 30 cm

Hoogst zelden wordt een champagneglas uit porselein vervaardigd. Waar eindigt het kopje en waar begint het glas? Als je iets te vieren hebt, zorg dan op zijn minst voor voldoende glazen, vindt Stockmans.

### 116 Diane Sol

Kigali, Rwanda, 1981

*Sexy servies*, 2002, porselein, kopjes Ø 6 cm

Afgietsels van kopjes zijn overtrokken met allerlei panty's, vervolgens met gietporselein bespoten en opnieuw gebakken. Niets is zo sexy als koffie te drinken door het netwerk van een damespanty.

### 117 Edward van Vliet

Winterswijk, Nederland, 1965

*Nour*, 2001, porselein met goudglazuur, theepot h. 23 cm, lage theepot h. 10,5 cm, bekers h. 8,5-12 cm, Ø 6,5-9 cm, uitvoering in samenwerking met het Europees Keramisch Werkcentrum, Den Bosch

*Nour* is een speciaal servies voor de *Fusion*-keuken. De multifunctionele onderdelen zijn geschikt voor het serveren van voedsel uit allerlei eetculturen.

### 118 Ettore Sottsass

Innsbruck, Oostenrijk, 1917

twee theepotten uit de serie *The Indian Memory*, links: *Cardamon, Prova I*, geglazuurd steengoed, h. 28,5 cm, br. 21 cm, rechts: *Lapislazzuli*, ongenummerd, geglazuurd steengoed, h. 20 cm, br. 19 cm, ontwerp 1972, uitvoering in samenwerking met Alessio Sarri in Sesto Fiorentino, Italië, uiteindelijke productie in 1987 door Anthologie Quartett, Bad Essen, Duitsland, collectie Erik en Petra Hesmerg, Sneek, Nederland

Sottsass zoekt in zijn ontwerpen naar de hogere wetten van de esthetiek. Hij speelt met architectonische volumes en subtiele lichtval.

### 120 Borek Sipek

Praag, Tsjechoslowakije, 1949

*Todinefor 13 and 14*, 2002, beperkte oplage, in opdracht van Galerie Steltman, Amsterdam, porselein met lusterglazuur, theepot h. 17,5 cm, borden Ø 20,5-27,5 cm, kopjes h. 8 cm, Ø 8 cm, grote kom Ø 14 cm, collectie Princessehof Leeuwarden

De borden van dit romantische servies hebben de uitstraling van verfijnd linnengoed. Bij een gestape de set borden ontstaat een rijke variatie aan gekartelde, kantachtige randen. Het fonkelende gele luster, de eigenzinnige vormen en de royale kommen maken dit servies tot decadent lustobject.

### 121 Jurgen Bey

Soest, Nederland, 1965

koffiepot van het servies *1160 minutes*, uit de serie *Nothing New!*, 2003, Friese gele klei met tinglazuur, h. 34 cm, in productie bij Koninklijke Tichelaar Makkum

De vorm van deze koffiepot is ontstaan door afgietsels van onderdelen uit verschillende oude serviezen te combineren. De nauwelijks zichtbare, handgeschilderde decoratie imiteert afdrukken van de koolstofponsieven. Deze doorstuifsjablonen fungeren in traditioneel aardewerk als hulpmiddel om de uiteindelijke beschildering mooi aan te kunnen brengen. Bey heeft gekozen voor typisch Hollandse motieven als zeilboten en melkmeisjes.

### 122 Simone van Bakel

Weert, Nederland, 1966

*Lust for light*, 2003, porselein met fosforiserend pigment, totale omvang 1 x 1,5 m

Dit servies speelt in op de 'Light'-tendens in onze eetcultuur. De solide onderdelen kunnen alleen met lichte hapjes worden gevuld. In het donker licht het servies op.

# Less is Less, More is More
## Decadent Designs of the Design Academy Eindhoven

# Minder is minder, meer is meer
## Decadente ontwerpen van de Design Academy Eindhoven

Louise Schouwenberg

Louise Schouwenberg is a visual artist and publicist. She studied philosophy at the University of Amsterdam.

Louise Schouwenberg is beeldend kunstenaar en publicist. Zij studeerde filosofie aan de Universiteit van Amsterdam.

1 At the beginning of 2002, at the invitation of the Princessehof, the National Museum of Ceramics in Leeuwarden, students at the Department of Living (with Gijs Bakker as the Head of Department) worked on modern contributions to the exhibition called *Deliciously Decadent*. They were supervised by Jan Hoekstra, Bart Guldemond, Herman Kuijer, and Louise Schouwenberg. The work of twenty students was ultimately selected. Four of them have now graduated, and three (former) students at the Department of Communication, The Studio (*Het Atelier*), and Activity were added.

2 The definition of vomitorium is: a room in Ancient Roman houses in which people could rid themselves of excessive food between the courses of meal by vomiting. It is not clear whether the vomitorium actually existed or was only a matter of fiction.

3 According to the German philosopher Nietzsche (1844-1900), humans are primarily driven by the instinctive, indestructible Will to Power. Nietzsche believes that, under the influence of philosophers such as Plato and the philosophers of the Enlightenment, Western civilization has placed too much emphasis on human reasoning. In doing so, it has actually denied human nature, with disastrous consequences. Nietzsche speaks of the 'decadence of the spirit.'

4 At the end of the nineteenth century, the poems of Arthur Rimbaud (1854-1891) and Charles Baudelaire (1821-1867) caused an enormous scandal due to their frank discussion of themes such as (homo)sexuality, death, and despair. Joris-Karl Huysmans (1848-1907) had outspoken views on life, art, and art criticism. Art had to be satanic or mystical, and art criticism ought to adopt a radical bias, because Huysmans profoundly abhorred 'promiscuity in admiration'.

5 The plaster cast was later used to make a ceramic cast that occupies the middle of the table as a centrepiece in the form of a series of serving dishes.

6 In 1960, the American psychologist Abraham Maslow (1908-1970) developed a hierarchical model of human needs. According to Maslow, these are arranged in ascending steps, going from basic biological/physiological needs such as food and sex, to the need for safety, the subsequent social requirement of affection and love, to the need for self-respect. The highest level is self-realization. As soon as one stage has been achieved, we move on to the pursuit of a higher goal. The model explains why entire population groups in the wealthy West can surrender to luxurious proclivities such as decadence, whereas people in Africa cannot.

7 Hester van Dijk transformed edibles into candles that burn slowly and, with her stacked dinner service, Ruth Lodder also refers to extravagance and overconsumption.

8 Diane Sol and Wendy Boudewijns made cups in which sexy lingerie can be detected; Tony Michels transformed a cup into a knuckle-duster; Eric Morel and Hideo Nakayasu play with religious icons, fascist symbols, and beauty in their designs.

9 Taken from: G. Bataille, *De tranen van Eros*, Nijmegen 1986, p. 24. Transl. of G. Bataille, *Les Larmes d'Eros*, Paris 1961.

10 Epicure wrote in approximately 300 BC. The Romans adopted his theories, in bastardized form, as worldly wisdom in around AD 400. Although Epicure himself distinguished between 'natural' desires such as those for food and sex, and 'unnatural' desires such as a yearning for beautiful clothes and exotic food, his Roman followers abandoned this distinction. They regarded pleasure as a positive stimulus and equated pleasure with hedonism (the Greek word hédoné = pleasure, lust - the teaching that pleasure is the summum bonum; that humans ought to pursue the fulfilment of all their sensory yearnings). Thus, in that era, decadence was primarily conceived as wallowing in sensory pleasure. Tradition has it that the interpretation the Romans later gave to Epicurean philosophy heralded the end of the Roman Empire.

11 Bataille allies himself here to Nietzsche's complaint about Christianity inasmuch as he blames it for hopelessly weakening humanity by orienting all hope toward the after-life and by propagating a system of values that is contrary to human nature, namely, the instinctive Will to Power.

12 We normally link sober and straightforward design to Modernism, to Bauhaus, and to designers such as Mies van der Rohe, Le Corbusier, and Gerrit Rietveld. Their products are icons from the beginning of the industrial era, which enabled mass-produced, cheap furniture.

13 Joris Laarman generated a decorative climbing face, Sachiko Suzuki created a baroque room of vinyl records, Eric Morel left the traces of production as decoration, Joël Daalmeyer lavishly decorated a tablecloth with chocolate, and Bas Warmoeskerken clothed models with floral fabric from a dismantled old-fashioned chair.

1 Op uitnodiging van het Princessehof, Nationaal Keramiekmuseum in Leeuwarden werkten de studenten van de afdeling Living (afdelingshoofd Gijs Bakker) begin 2002 aan eigentijdse bijdragen voor de tentoonstelling *Lekker Decadent*. Ze werden begeleid door Jan Hoekstra, Bart Guldemond, Herman Kuijer en Louise Schouwenberg. Uiteindelijk werd het werk van twintig studenten geselecteerd, vier van hen zijn intussen afgestudeerd en drie (oud-)studenten van de afdelingen Communication, Het Atelier en Activity werden toegevoegd.

2 Vomitorium betekent volgens de definitie een kamer in antieke Romeinse huizen, waarin mensen zich tussen de gangen van een maaltijd door konden ontdoen van een teveel aan voedsel door het uit te kotsen. Het is onduidelijk of het vomitorium ook daadwerkelijk heeft bestaan of alleen in de verhalen.

3 Volgens de Duitse filosoof Nietzsche (1844-1900) wordt de mens voornamelijk gedreven door zijn instinctieve, onverwoestbare Wil tot Macht. Volgens Nietzsche heeft de westerse beschaving onder invloed van filosofen als Plato en de Verlichtingsdenkers te veel nadruk gelegd op de menselijke ratio. Ze hebben daarmee in zijn ogen feitelijk de menselijke natuur ontkend met alle desastreuse gevolgen vandien. Nietzsche spreekt over de 'decadentie van de geest.'

4 De gedichten van Arthur Rimbaud (1854-1891) en Charles Baudelaire (1821-1867) veroorzaakten eind negentiende eeuw een waar schandaal door de onverbloemde behandeling van thema's als (homo)seksualiteit, dood en verderf. Joris-Karl Huysmans (1848-1907) had uitgesproken visies op zowel het leven, de kunst als de kunstkritiek. Kunst moest satanisch of mystiek zijn en de kunstkritiek diende te kiezen voor radicale partijdigheid omdat Huysmans' 'promiscuïteit in de bewondering' diep verafschuwde.

5 Met behulp van de mal werd later een keramisch afgietsel gemaakt dat als centerpiece, in de vorm van een serie opdienschalen, midden op tafel staat.

6 De Amerikaanse psycholoog Abraham Maslow (1908-1970) ontwikkelde in 1960 een hiërarchisch model van menselijke behoeftes. Volgens Maslow stijgen deze trapsgewijze van basale biologische/fysiologische behoeftes als eten, seks, naar de behoefte aan veiligheid, van de daaropvolgende sociale behoefte aan affectie en liefde naar de behoefte aan zelfrespect. De hoogste trap is zelfverwerkelijking. Zodra een trap is gepasseerd streven we logischerwijze naar een trap hoger, zegt Maslow. Het model verklaart waarom hele bevolkingsgroepen in het rijke Westen zich wél en mensen in Afrika zich niet kunnen overgeven aan luxueuzere neigingen als decadentie.

7 Hester van Dijk transformeerde eetwaren tot kaarsen die langzaam opbranden en Ruth Lodder refereert evenzeer aan spilzucht en overconsumptie met haar gestapelde servies.

8 Diane Sol en Wendy Boudewijns maakten kopjes waarin sexy lingerie valt te ontdekken, Tony Michels transformeerde een kop tot een boksbeugel, Eric Morel en Hideo Nakayasu spelen in hun ontwerpen met religieuze iconen, fascistische symbolen en schoonheid.

9 Uit: G. Bataille, *De tranen van Eros*, Nijmegen 1986, p. 24. Vertaling van G. Bataille, *Les Larmes d'Eros*, Parijs 1961.

10 Epicurus schreef omstreeks 300 voor Christus, zijn theorieën werden in verbasterde vorm als levensmotto aangenomen door de Romeinen rond 400 na Christus. Hoewel Epicurus zelf een onderscheid maakte tussen 'natuurlijke' verlangens als die naar eten en seks en 'onnatuurlijke' verlangens als bijvoorbeeld het verlangen naar mooie kleren en exotisch eten, verdween dat onderscheid bij zijn navolgers. Zij zagen genot als een positieve prikkeling en stelden het verlangen naar genot gelijk met het hedonisme (het Griekse hédoné = genot, lust, leer dat genot het hoogste goed is, dat de mens dient te streven naar de bevrediging van al zijn zinnelijke verlangens). Decadentie werd in die tijd dus primair begrepen als het zich wentelen in het genot van de zintuigen. De uitleg die de Romeinen later gaven aan de filosofie van de Epicuristen zou volgens de overlevering het begin van het einde inluiden van het Romeinse Rijk.

11 Bataille sluit hier aan bij Nietzsche's klacht over het christendom dat hij verwijt dat het de mens hopeloos heeft verzwakt door alle hoop op een hiernamaals te richten en door een waardensysteem te propageren dat strijdig is met de menselijke essentie, namelijk de instinctieve Wil tot Macht.

12 De roep om sobere en heldere ontwerpen koppelen we doorgaans aan Modernisme, aan Bauhaus en ontwerpers als Mies van der Rohe, Le Corbusier en Gerrit Rietveld. Hun meubels zijn iconen uit het begin van het industriële tijdperk dat serieel te produceren, goedkope meubels mogelijk maakte.

13 Simon Heydens ontwierp een interactief behang, Joris Laarman maakte een decoratieve klimwand en Sachiko Suzuki een barokke kamer van vinylplaten. Eric Morel laat de sporen van vervaardiging zien als decoratie, Joël Daalmeyer decoreerde een tafellaken kwistig met chocolade en Bas Warmoeskerken kleedde modellen aan met het bloemetjesstof van een onttakelde grootmoedersstoel.

Abundantly decorated dishes full of exotic food lie between refined plates of wafer-thin porcelain, crystal glasses, and silver cutlery. The damask tablecloth and napkins are richly embroidered, and regal candlesticks grace the middle of the table. And, as if it has always belonged here, an elegant Wedgwood porcelain vomiting bowl with a silver vomit-inducer adjoins each plate, ready for use. This is desired setting for dinner, according to the designer of the vomiting bowl, Joris Laarman. In conjunction with his fellow students at the Design Academy in Eindhoven, he tackled the theme of 'contemporary decadence'.[1]

Of course, decadence is very remote from the themes that generally occupy the minds of designers. We tend to associate decadence with bygone days, *fin-de-siècle* sentiments and wild excesses, exaggerated decoration and ornamentation. We connect it to an idiom diametrically opposed to the sobriety typical of contemporary design. You could almost refer to it as 'hygiene in presentation'. Without interruption worthy of the name, avant-garde design has avoided exuberance for almost a hundred years. Although most design products are not conspicuous for their user-friendliness, their designers do take functionality as their primary impulse. Exciting concepts and the opportunity to furnish critical and ironic commentary on the world and on the specialist field itself probably form additional motivation. But there is almost never any fatuous, decorative addition similar to what we see on dinner services from bygone eras. Moreover, decadence does not appear to be an appropriate theme now that international tension and economic recession are dampening enthusiasm for extravagance.

Initially, there was much scepticism among

Uitbundig gedecoreerde schotels vol exotische gerechten staan tussen verfijnde borden van flinterdun porselein, glazen van kristal en zilveren bestek. Het damasten tafellaken en de servetten zijn versierd met weelderige borduursels en in het midden van de lange tafel pronken koninklijke kandelaren. En alsof ze hier al altijd thuishoorden, staat naast elk bord een elegante 'Wedgwood'-porseleinen kotsbak met zilveren kotsopwekker, klaar voor gebruik. Zo stelt de ontwerper van de kotsbak, Joris Laarman, het zich ongeveer voor. Hij boog zich samen met collega-studenten van de Design Academy in Eindhoven over het thema 'hedendaagse decadentie'.[1]

Natuurlijk staat decadentie mijlenver af van de thema's waarmee designers zich meestal plegen bezig te houden. Decadentie associëren we met voorbije tijden, fin-de-sièclesentimenten en wilde uitspattingen, met overdreven decoratie en ornamentiek, met een idioom dat haaks staat op de soberheid die zo karakteristiek is voor hedendaagse vormgeving. Hygiëne in het beeld zou je het zelfs kunnen noemen – zonder noemenswaardige onderbrekingen schuwt avant-garde design al bijna een eeuw lang uitbundigheid in de vormgeving. Hoewel de meeste designproducten primair niet opvallen door gebruiksgemak draait het voor hun bedenkers meestal wél om functionaliteit, wellicht ook nog om spannende concepten en misschien om kritisch en ironisch commentaar op de wereld en het vakgebied zelf. Maar het draait vrijwel nooit om functieloze, decoratieve toevoegingen zoals we die kennen van serviesgoed uit lang vervlogen tijden. Bovendien lijkt decadentie een niet gepast thema nu internationale spanningen en economische recessie niet bepaald uitnodigen tot luxueuze uitspattingen.

the students concerned with this project. Nevertheless, as the plan advanced, it became increasingly clear how readily the theme lent itself to shedding light not only on the extreme aspects of the 'condition humaine' but also on the possible scope for designers within a complex society.

**Vomitorium, a contemporary phenomenon**
The theme was scorned, championed, feared, and discussed critically. The students submitted themselves to decadent experiences of their own preference. They designed furniture, cutlery and dinner services for fictitious people with a decadent lifestyle, and they immersed themselves in theoretical and historical backgrounds via texts, films, and works of art. It turned out to be primarily a quest for the appropriate definition of the term 'decadence'. The ultimate designs vary from the application of much decoration and adornment to critical and humorous commentary on curious phenomena in modern society. Almost all concepts display an aversion to the hypocrisy generally deployed to disown the shadow side of human existence. The students opted for openness, as the 'Wedgwood' vomiting bowl clearly illustrates.

Eating, vomiting, and then eating further without the discomfort of an overfull stomach: this is not a new development. According to surviving reports, the latter years of the Roman Empire (AD 400-500) witnessed numerous decadent habits. Between the courses of a dinner, for example, the aristocracy would retire discretely to the so-called 'vomitorium' and could subsequently participate with renewed appetite.[2] Of course, the impecunious commoner had no vomitorium. Regardless of whether or not it was an idea that attracted him, he simply had no financial leeway for such

dissipation. In 2004, there are still no vomitoria in the houses of the common man, but they are also absent from the residences of those who could actually afford the exotic luxury of twice or three times the required amount of food. There are, however, many variants on the vomitorium that are applied to prolong gastronomic pleasure. As long as we stick to the proper combination, we can consume unlimited quantities of food. The popular Montignac diet, for example, advises us not to combine meat or fish with cheese and potatoes. Nonetheless, there is a difference between throwing up in the vomitorium between courses, and regulating profuse eating sessions through a Montignac-type of diet. The Romans were merely interested in preserving their appetite, whereas twentieth century citizens are also concerned with their contours. They have developed a genuine cult of the body beautiful. The obsession with health and far-reaching ideals of beauty has to be reconciled with excessive gastronomic pleasure. Decadent? The excrescences indicate that this is the case, claims designer Laarman. The fight between excess and abstinence not only leads to diets, liposuction, and the consumption of fat-burning preparations, but also to 'logical' excrescences such as anorexia nervosa and bulimia. We have exiled all these morbid fixations to the dark recesses of our shame. Nevertheless, they belong to the normal lifestyle of many people, to a degree that might surprise us. In the world of photo models, dancers, and even teenage girls, vomiting is often a normal event, although it occurs clandestinely, behind closed doors. Laarman holds up a mirror to us, as does Kellie Smits, who also robs a meal of its innocence by subtly weaving meat patterns in the textile of a tablecloth.

Aanvankelijk overheerste dan ook veel scepsis onder de studenten. Toch bleek gaandeweg het project hoe goed het thema zich leent om niet alleen licht te werpen op de extreme kanten van de 'condition humaine', maar ook op de mogelijke speelruimte van ontwerpers binnen een complexe samenleving.

**Vomitorium, een hedendaags verschijnsel**
Het thema werd verafschuwd, bejubeld, gevreesd en kritisch besproken. De studenten ondergingen decadente ervaringen naar eigen keuze, ze ontwierpen meubilair, bestek en servies voor fictieve personen met een 'decadente' leefstijl en ze doken in de theoretische en historische achtergrond via teksten, films en kunstwerken. Het bleek vooral een zoektocht te worden naar een juiste definiëring van de term decadentie. De uiteindelijke ontwerpen variëren van het gebruik van veel decoratie en ornamentiek tot kritische en humoristische commentaren op curieuze verschijnselen in de huidige samenleving. In vrijwel alle ontwerpen is een afkeer te lezen voor de hypocrisie waarmee de schaduwkanten van het menselijke bestaan meestal ontkend worden. De studenten kozen voor openheid, zoals de 'Wedgwood'-kotsbak duidelijk illustreert.

Eten, kotsen en daarna weer dooreten zonder de hinder van een overgevulde maag: het is geen nieuw verschijnsel. Volgens de overlevering bestonden er in de nadagen van het Romeinse Rijk (400-500 na Christus) nogal veel decadente gewoortes. Zo trok de hofadel zich tussen de gangen van een diner discreet terug in het zogenoemde vomitorium en kon daarna met herboren eetlust weer deelnemen aan het eetfestijn.[2] Uiteraard bezat de onbemiddelde Jan-met-de-pet-Romein in die tijd geen vomitorium; mocht het al een aantrekkelijk idee zijn geweest voor hem,

decadente verspilling kon hij zich domweg niet permitteren. In de huizen van de minder bedeelden bestaan anno 2004 ook geen vomitoria, maar ze bestaan net zo min in de woonvertrekken van hen die zich wél de vreemde luxe kunnen permitteren van een dubbele of zelfs driedubbele hoeveelheid voedsel. Wél bestaat er een veelvoud aan varianten op het vomitorium ten dienste van geprolongeerd eetgenot. Mits we ons bijvoorbeeld houden aan de juiste combinatie, kunnen we onbeperkt voedsel tot ons nemen (zo raadt het populaire Montignac-dieet ons aan vlees of vis niet te combineren met kaas en aardappelen). Toch is er een verschil tussen kotsen tussen de gangen door in het vomitorium en het afwisselen van bourgondische eetbuien met een dieet à la Montignac. De Romeinen wensten door het kotsen uitsluitend hun eetlust te redden maar de eenentwintigste-eeuwse mens bekommert zich ook nog eens om zijn contouren. Hij heeft een ware lichaamscultus ontwikkeld. Zijn obsessie voor gezondheid en vergezochte schoonheidsidealen moet worden verzoend met overdadig eetgenot. Decadent? De uitwassen tonen aan van wel, zegt ontwerper Laarman. De strijd tussen overdaad en onthouding voert niet alleen tot diëten, liposuctie en het gebruik van vetverbrandingspreparaten maar ook tot 'logische' uitwassen als anorexia nervosa en boulimia. Al die uitwassen hebben we hypocriet verbannen naar de achterkamers van onze schaamte. Toch behoren ze méér tot het normale leefpatroon van menigeen dan we wellicht vermoeden. In de wereld van fotomodellen, dansers en zelfs tienermeisjes is kotsen niet zelden de gewoonste zaak, maar het gebeurt wel stiekem achter gesloten deuren. Laarman houdt ons een spiegel voor. Dat doet ook Kellie Smits, die de maaltijd al evenzeer berooft van haar onschuldige karak-

**Between virtue and vice**

Bas Warmoeskerken designed plates with decorative grooves in which a white powder awaits its user – the cocaine snorter. This design, too, can be read as a plea for openly displaying decadent habits. After all, why should the prosperous Westerner have to retreat into a dingy backroom where, backed up by a mirror and a razorblade, he or she can sniff an exquisite 'line'?

Wouter Geense attached a mousetrap to a plate so that this greatly underrated animal could watch in captivity how the diner relished his meal of … meat. Dennis Kwant designed a super-egocentric chair, and the scarred cups of Hideo Nakayasu seem to ponder whether we are making proper use of all the medical possibilities or are creating a new, distorted ideal of beauty, blinded by a belief in the omnipotence of plastic surgery. The products provoke questions but provide no answers. Are our habits unhealthily egocentric and decadent or are they, in contrast, logical and agreeable?

If we can place any faith in history books, the decadence of the Roman Empire was caused by a combination of excess and boredom, a combination that would turn out to be fatal. The renowned decadence that appeared at the end of the nineteenth century, particularly in France, was caused by a combination of excess, boredom, and a lack of new elan on the threshold of a new century. And what about us? Are we also being submerged in ideals and tendencies that are mutually contradictory? In our own era, moral crusaders again claim that the end of the world is nigh, that overconsumption and the decline of values and norms have crippled us both morally and physically. But that sermon has been preached so often that it has lost all credibility. Moreover, we know all too well that the human race is a crate full of contrasts. The unbridled pursuit of lust seems to belong to human nature just as inherently as the anxiety for damnation and divine wrath resulting from our 'sins'. The angst for death and destruction and the need for peace and security are just as human as the relentless urge to dominate others, even though this may mean the deliberate application of violence.[3]

Truths that can scarcely stand the light of day reveal themselves in the margins of society, but they do not allow themselves to be effaced by either shame or injunctions. Many students managed to approach such truths in a critical yet ironical manner. And there is the other side of the coin as well – the gratifying excitement that also lurks on the periphery of what society tolerates. Where hypocrisy and middle-class propriety ebb away, the desire arises to experience the human condition to the full. Passionate advocates of this kind of boundary-transgressing experience rose to prominence in France at the end of the nineteenth century, including the poets Rimbaud and Baudelaire, and the French art critic and novelist Joris-Karl Huysmans.[4] Huysmans was not only famous for his 'decadent' lifestyle but also for his vehement appeal for extreme choices in all cultural areas. In his view, there was nothing worthwhile in the area between passionate love and passionate hate and, confronted with the choice between virtue and vice, it was evident which he would prefer.

In contrast to the nineteenth century, boundary-transgressing experiences are currently undergone in complete openness. From bungee jumping or survival trips in barren regions to candidly filmed sexual excesses and pain-threshold experiences – the less courageous citizen can follow it all on television.

ter door vleespatronen subtiel in het textiel van
een tafelkleed te weven.

**Tussen kuisheid en ontucht**

Bas Warmoeskerken ontwierp borden met
decoratieve groeven waarin een fijn wit poeder
wacht op zijn gebruiker, de cocaïnesnuiver.
Ook dit ontwerp is te lezen als een pleidooi
voor het openlijk tonen van decadente
gewoontes. Tenslotte, waarom zou de
bemiddelde westerling zich moeten terug-
trekken in een duister achterafkamertje om
daar geholpen door spiegeltje en scheermes
een perfect 'lijntje' te kunnen snuiven?
Wouter Geense bevestigde een muizenval
aan een eetbord, waardoor dit zwaar onder-
gewaardeerde dier in gevangenschap kan
toekijken terwijl de eter zich te goed doet
aan…dierenvlees. Dennis Kwant ontwierp een
superegocentrische stoel en de littekenkopjes
van Hideo Nakayasu lijken zich af te vragen
of we terecht alle medische mogelijkheden
benutten of juist een wanstaltig nieuw
schoonheidsideaal creëren, verblind door het
geloof in de almacht van plastische chirurgie.
De producten werpen vragen op maar laten
de antwoorden in het midden liggen. Zijn onze
gewoontes ongezond egocentrisch en decadent
of zijn ze juist logisch en aangenaam?

Als we de geschiedenisboeken mogen geloven
werd de decadentie van het Romeinse Rijk
veroorzaakt door een combinatie van overdaad
en verveling, een combinatie die fataal zou uit
pakken. Ook de veelbezongen decadentie die
eind negentiende eeuw vooral in Frankrijk
opdook werd veroorzaakt door een combinatie
van overdaad, verveling en gebrek aan fris elan
net voor de start van een nieuwe eeuw. En wij?
Gaan wij ten onder aan idealen en neigingen
die met elkaar strijdig zijn? Moraalridders

zullen ook in onze tijd beweren dat het einde
van de tijd gloort, dat overconsumptie en een
teloorgang van waarden en normen ons moreel
en lichamelijk hebben verzwakt. Maar dat
verhaal is al zo vaak gepredikt dat het aan
geloofwaardigheid heeft ingeboet. Bovendien
weten we inmiddels maar al te goed dat de
menselijke soort een vat vol tegenstrijdigheden
is. Het najagen van onbeteugelde lusten lijkt
evenzeer bij de menselijke natuur te horen
als zijn angst voor verdoemenis en Goddelijke
toorn over al die zondigheid. De angst voor
dood en verderf en de behoefte aan kalme
veiligheid is al evenzeer des mensen als zijn
nooit aflatende neiging anderen te willen over-
heersen en geweld daarbij niet te schuwen.[3]

Aan de grenzen van een samenleving open-
baren zich waarheden die het daglicht moeilijk
verdragen maar ze laten zich moeilijk weg-
cijferen door schaamte noch geboden.
Op dergelijke waarheden wisten veel studenten
kritisch maar ook ironisch in te spelen. En dan
is er nog de andere kant van de medaille, de
aangename spanning die zich eveneens open-
baart aan de grenzen van wat een samenleving
tolereert. Waar hypocrisie en burgerlijk fatsoen
wegvallen lonkt de wens om de menselijke
conditie tot in haar uiterste mogelijkheden te
beleven. Fervente voorstanders van dergelijke
grensoverschrijdende ervaringen waren vooral
eind negentiende eeuw in Frankrijk te vinden,
waaronder de dichters Rimbaud, Baudelaire en
de Franse kunstcriticus en romancier Joris-Karl
Huysmans.[4] De laatste was niet alleen bekend
om zijn 'decadente' leefwijze, maar ook om zijn
vurige pleidooien voor extreme keuzes in alle
cultuurbereiken. Tussen hartstochtelijk beminnen
en hartstochtelijk haten bestond volgens hem
niets en geplaatst voor de keuze tussen kuisheid en ontucht was het evident wat hij zou
kiezen.

The students at the Design Academy also conceived decadent experiences that they subsequently recorded on photographs and videotapes. In contrast to Huysmans, they did not opt for satanic sessions; however, neither did they choose the banality of present-day shocking borderline experiences. The students chose to magnify curious conventions. Thus, we see how the dark-tinted Eric Morel allows himself to be informed by a blonde in the solarium about the proper brown hue he should try to acquire. We see Joël Daalmeijer and Alexander Saris throwing cakes to amazed ducks on the pond, and Joep Verhoeven and Lonny van Rijswijk making a plaster cast of the physique of a cagey bodybuilder.[5] In a video shot by Micha Heyboer and Anne Grichnik, a freshly washed, shaved, and colourfully dressed young man strolls resignedly to the edge of a dirty canal, to the melancholy strains of Mahler in the background, and suddenly dives in. At that apotheosis, the viewer expects doom and destruction but the young man surfaces and swims easily to the shore. The decadent moment actually lies in the anticlimax when the viewer is confronted with his or her own pattern of expectation.

Decadence is not easy to define. There are few concepts that are so strongly linked to the particular culture, context, time and place in which they occur. The term will not be used to a great extent in starving Africa, whereas positive associations dominate French and Italian cultural expressions. The basic necessities have to be fulfilled in order to create space for a decadent lifestyle – this claim appears to be valid everywhere.[6] Decadence begins where usefulness and functionality are no longer of primary importance. Accordingly, it is no surprise that decadence is mainly a phenom-

enon within the prosperous Western world.[7] In addition, a conspicuous element in almost all definitions of decadence is the contradiction in connotation: negative significance alternates with positive. In the Netherlands, which is largely puritan, the most authoritative dictionary defines decadence as: *gradual decline*, *moral collapse*, *deterioration*, *lack of joy of living*, *longing for pleasure*, *pursuit of great refinement*. But *gradual decline* is very different from *pursuit of refinement*, and a *longing for pleasure* need not by definition refer to *moral collapse*. Christian values play a major role in the negative definitions. These values prescribe humility, sobriety, and suffering as the route to eternal glory. As is often the case with a strict prohibition of the more joyful facets of life, however, although it may well evoke anxiety about spiritual doom, it also entices people to violate the taboo.

The intense relationship between sex and religious ecstasy is presented in a refined manner by visual artist Berend Strik, who links pornography to biblical scenes in a number of collages. To create one of these collages, he took a pornographic picture, cut the phallus out of the open female mouth and subse-quently accentuated the oral contour with an elegant line of cross-stitches. As a result, the viewer is enticed away from the pornographic content and suddenly hears heavenly choruses escaping from the unmistakably sensual mouth. Sex and religion blend together. By making use of a sedate, rather plain embroidery technique, Strik reveals, as it were, the hypocrisy with which current and bygone generations approach this theme. Sex scandals, presented garishly in the press, which seem to take place primarily in strongly religious and conservative circles, emphasize a fact that we apparently cannot deny: prohibition and pleasure are

Anders dan in de negentiende eeuw worden grensoverschrijdende ervaringen tegenwoordig in alle openbaarheid beleefd. Van survival-tochten in barre streken, bungeejumpen voor de kick tot onverbloemd gefilmde seksuit-spattingen en pijngrenservaringen – de minder moedige medeburger kan het allemaal via zijn televisiescherm volgen.

Ook de studenten van de Design Academy bedachten decadente ervaringen die zij vervol-gens vastlegden op foto's en videoregistraties. Zij kozen niet als Huysmans voor satanische sessies, maar ook niet voor de banaliteit van hedendaagse shockerer de grenservaringen. De studenten kozen voor het uitvergroten van curieuze conventies. En dus zien we hoe de donkergetinte Eric Morel zich in het zonnebank-centrum door een blondine laat voorlichten over de juiste bruine kleur. We zien hoe Joël Daalmeijer en Alexander Saris hele taarten aan verbaasde eenden in de vijver voeren en hoe Joep Verhoeven en Lonny van Rijswijk een gipsen mal maken van het lichaam van een argwanende bodybuilder.[5] In een video van Micha Heyboer en Anne Grichnik wandelt op de melancholische muziek van Mahler een zojuist gewassen, geschoren en keurig geklede jongeman rustig naar een vuil kanaal waar hij met een royale duik plotseling in springt. Bij die apotheose verwacht de toeschouwer dood en verdoemenis, maar hij ziet hoe de jongen weer bovenkomt om vervolgens kalm naar de waterkant te zwemmen. Het decadente moment ligt feitelijk in die anticlimax waarin de kijker wordt geconfronteerd met zijn eigen verwachtingspatroon.

Decadentie valt niet gemakkelijk te definiëren. Er zijn weinig begrippen zo sterk gebonden aan de cultuur, de context, de tijd en de plaats waarin ze gebezigd worden. In hongerend Afrika zal de term weinig opduiken en in Italiaanse en Franse cultuuruitingen over-heersen de positieve associaties. De basale behoeftes moeten vervuld zijn, wil er ruimte komen voor een decadente leefwijze – die waarheid lijkt overal te kloppen.[6] Decadentie begint waar nut en functionaliteit niet langer van belang zijn, daarom is het niet verwonder-lijk dat het vooral een verschijnsel is binnen de welvarende westerse wereld.[7] Wat bovendien in vrijwel alle definities van decadentie opvalt is de tegenstrijdigheid in connotaties: nega-tieve betekenissen wisselen af met positieve. In het overwegend puriteinse Nederland omschrijft het belangrijkste woordenboek decadentie als: *geleidelijk verval, morele in-zinking, achteruitgang, gebrek aan levenslust, zucht naar genot, streven naar grote verfijning.* Maar *geleidelijk verval* is iets anders dan *het streven naar verfijning* en het verlangen naar uiterste genotsmomenten hoeft niet per se te duiden op *morele inzinking.* In de negatieve definiëringen spelen christelijke waarden een grote rol die deemoed, soberheid en lijden aan het leven prediken om daarmee het eeuwige leven in de hemel te garanderen. Maar zoals dat gaat met strenge verboden op de meer vrolijke kanten van het leven, ze roepen misschien angst voor verdoemenis op maar nodigen vooral uit tot overtreding.

De intense relatie tussen seks en religieuze extase wordt door beeldend kunstenaar Berend Strik op geraffineerde wijze verbeeld in een aantal collages waarin hij pornografie en bijbelse taferelen aan elkaar koppelt. Voor een van zijn collages nam hij een pornografisch plaatje, knipte de fallus uit de opengesperde vrouwenmond en accentueerde vervolgens de mondcontour met een elegante lijn van kruissteken. Door die ingreep wordt de

mutually attractive bedfellows. It is only when we attempt to repudiate this that we generate confusion.

**The tears of Eros**

Similar to Berend Strik, a number of students also linked aesthetics to eroticism, to religion, and also to death and violence.[8] According to the French philosopher Georges Bataille (1897-1962), this connection is completely logical:

'The ambiguity of this human life oscillates between unrestrained laughter and lamentation. It is confronted with the difficulty of harmonizing the intellectual calculation on which it is founded with these tears (…) with this terrible laughter (…). The aim of the intellect that extends beyond intellect, is also a transgression of this intellect. Due to the violence of this transgression, I recognize, in the confusion of my laughter and my tears, in the flood of emotions that beleaguer me, the similarity between aversion and unbridled sensuality, between ultimate pain and unbearable pleasure!'[9]

In their decadent behaviour, the Romans could appeal to the philosophy of Epicure (341-271 BC) who believed that happiness or pleasure is the objective of human life.[10] Centuries later, Bataille explains why the holy, the erotic and the aesthetic are intimately connected. Sprinkled with stimulating and also gruesome anecdotes and visual material, he outlines in *Les Larmes d'Eros* (the Tears of Eros) how the specific development of our sexuality and Christianity's reaction to this have ensured that decadence has become irresistibly attractive, while it simultaneously evokes anxiety about slithering down into a pool of sin.

Animal sexuality is completely oriented toward reproduction whereas, due to their consciousness, humans can yearn for the ecstasy that is coupled to the sexual act as an independent goal. In addition, this same consciousness has also made us aware of our mortality. According to Bataille, this explains why eroticism and death, sensuality and degeneration, pleasure and mortal fear have become interwoven. The orgasm is also occasionally referred to as the 'minor death'. The fact that Christianity has laid all kinds of prohibitions on our sexuality has certainly not reduced its attractiveness. The great aberration of Christianity, in Bataille's view, is that it actually expects of us an ecstatic surrender to and within religious experience, whereas it forbids the same ecstasy in a sexual context.[11] But if we can only do something in secret, the prohibition changes the nature of the forbidden fruit. It '… projects a light upon it that is simultaneously both dreadful and divine. (…) The prohibition assigns the forbidden fruit a significance that the action in question originally did not have.' The ban inexorably invokes its own transgression. In doing so, religion is to blame for the fact that eroticism and its close relationship with violence and awareness of death have been driven to the realm of outsiders and degenerates, to the domain of obsessions and hidden decadence.

Bataille attempts to explain the fact that aesthetics has joined the ranks of eroticism, religion and decadence by referring to the conditions of human labour. People had to work to guarantee their very existence and developed all kinds of intelligent tools for this purpose. As such, usefulness is the foundation of our intelligence. But this astute manner of working gradually led to a contentment, a 'drunkenness' that was no longer the result of useful labour. Against the profane world of labour, which is fully rationalized and ordered by rules and regulations, humans developed an

toeschouwer weggelokt uit de pornografische inhoud en hoort opeens aan de onmiskenbaar geile mond hemelse koorliederen ontsnappen. Seks en religie versmelten. Door gebruik te maken van een truttige borduurtechniek ontbloot Strik als het ware de hypocrisie waarmee vervlogen en huidige generaties dit thema bejegenen. Breed in de pers uitgemeten seksschandalen, die vooral in sterk religieuze en conservatieve kringen lijken plaats te vinden, onderstrepen dat we er blijkbaar niet omheen kunnen: verbod en genot liggen heel dicht bij elkaar. Pas als we dat proberen te ontkennen komt er narigheid van.

**De tranen van Eros**
Net als Berend Strik koppelden ook een aantal studenten esthetiek aan erotiek, aan religie, maar ook aan dood en geweld.[8] Volgens de Franse filosoof Georges Bataille (1897-1962) is die koppeling volstrekt logisch:

'De dubbelzinnigheid van dit menselijke leven schommelt tussen onbedaarlijk lachen en huilen. Het staat voor de moeilijkheid de verstandelijke berekening waarop het berust in overeenstemming te brengen met deze tranen (...). Met dit afschuwelijke lachen (...). Het doel van het verstand, dat boven het verstand uitgaat, is tegelijk een overschrijden van het verstand. Door de gewelddadigheid van dit overschrijden begrijp ik, in de wanorde van mijn lachen en mijn huilen, in de overdaad aan gevoelens die mij bestormen, de gelijkenis tussen de afschuw en een tomeloze wellust, tussen de laatste pijn en een ondraaglijk genot!'[9]

De Romeinen konden zich in hun decadente levenswandel beroepen op de filosofie van Epicurus (341-271 voor Christus) die geloofde dat geluk ofwel genot het doel van het menselijk leven is.[10] Eeuwen later verklaart Bataille waarom het heilige, het erotische en het

esthetische intens met elkaar verbonden zijn. Gelardeerd met prikkelende en ook gruwelijke anekdotes en beeldmateriaal legt hij in *Les Larmes d'Eros* (de tranen van Eros) uit hoe de specifieke ontwikkeling van onze seksualiteit en de reactie daarop van het christendom ervoor hebben gezorgd dat decadentie onweerstaanbaar aantrekkelijk is, terwijl het tegelijkertijd de angst oproept af te glijden in een poel van verderf.

Dierlijke seksualiteit is volledig op voortplanting gericht, terwijl mensen door hun bewustzijn de extase die met de seksuele daad gepaard gaat ook omwille van zichzelf kunnen willen. Daarnaast heeft hetzelfde bewustzijn ons ook bewust gemaakt van onze sterfelijkheid. Daarmee is verklaard waarom erotiek en dood, wellust en verval, genot en doodsangst verbonden zijn geraakt, zegt Bataille. Orgasme wordt ook wel de 'kleine dood' genoemd. Dat het christendom allerlei verboden op onze seksualiteit heeft gelegd, heeft de aantrekkingskracht niet bepaald verkleind. Bataille noemt het dé grote dwaling van het christendom dat het feitelijk een extatische overgave van ons verlangt in de godsdienstbeleving terwijl het diezelfde extase in seksuele zin verbiedt.[11] Maar wanneer we iets alleen in het verborgene kunnen doen, verandert het verbod datgene wat het verbiedt van karakter. Het '....werpt daarop tegelijk een onheilspellend en goddelijk licht. (…) Het verbod verleent datgene wat het verbiedt een betekenis die de verborgen handeling oorspronkelijk niet had.' Het verbod roept onherroepelijk op tot de overtreding ervan. Daarmee is de religie in de gedachtegang van Bataille er dus debet aan dat erotiek en haar nauwe relatie met geweld en doodsbesef in de hoek werd gedreven van outsiders, perverselingen, van obsessies, van verborgen decadentie.

increasing desire to surrender to the sacred world of play, art, and functionless aesthetics. In art, humans can follow their deepest impulses and recognize their human existence in all its various aspects. 'Art, from the cave paintings of Lascaux and the ancient Dionysian scenes, to paintings by Rubens, Goya, and Balthus, is permeated by the realization that the violence of eroticism is ultimately identical to the violence of death. The violence of delirium, which surges up from the inner self, is the violence by means of which death triumphs over the ordered world.'

**Less is Less, More is More**

The game, the transgression, the opposing worlds of pleasure and abhorrence all belong to human nature. It is at the outer limits of our humanity that we really discover who we are. The fact that art plays a role in this is easily explained. But what about design? Within Bataille's theories, functional objects belong to the profane world of labour, the realm of usefulness and functionality. It is therefore not surprising that, at the end of the nineteenth century, functionless decoration and orna-mentation were considered to be expressions of decadent design. Adherents of this kind of 'decadent' design, such as Huysmans, revolted against what they regarded as bad taste – rising utilitarianism based on expanding indus-trialization. Huysmans fulminated against the modernist Eiffel Tower as 'the spire of Our Lady of the Knickknacks'. Nevertheless, it is exactly this functionalistic, sober style that would characterize avant-garde design during almost the entire twentieth century. Bauhaus slogans from the 1930s, such as 'less is more' and 'form follows function' made a permanent impact in the design world.[12] Decoration and decadent frivolity no longer fitted into this

pattern and were banished to the prosaic margins.

That evokes the question as to whether the application of decoration, which we have seen cautiously returning to contemporary design over the past few years, still has connotations of decadence. The students in this project seem to indicate that the answer to that ques-tion is not so simple. The use of decoration has little in common with functionless addition, and equally does not represent a nostalgic return to bygone days.[13] In complete accordance with what has taken place at the forefront of the design world in the past few years, the students provide commentary on the world and on their own specialist field. In fact, design has already been liberated from its original strictly functional mission for a couple of decades, an evolution partly accelerated by *Droog Design* ('Dry Design'), a Dutch platform for conceptual design set up in 1993. The products of modern designers approach the world of visual art in terms of their wealth of ideas. In addition to functional demands, other important aspects include eloquent content, humour, irony and commentary, the combination of usefulness and distraction. Designers are expected to expose conventions in modern society and prejudice within their own specialist area. They are required to come up with a vision on our human existence, as well as with feasible answers to the problems observed. The theme of decadence is ideally suited to this exploration. Modern society is inspected scrupulously, humans are turned inside out, and the design profession is assailed by new perspectives, probably by new forms of decadence. The universally known slogan 'form follows function', which some people experience as decadent, has been inverted and now reads: 'function follows decoration', 'function follows

Dat zich bij dit rijtje van erotiek, religie en
verderf ook nog eens esthetiek heeft gevoegd,
verklaart Bataille door de menselijke arbeid.
Om te bestaan moest de mens werken en
ontwikkelde daartoe allerlei intelligente vond-
sten. Nuttigheid ligt daarmee ten grondslag
aan onze intelligentie. Maar die intelligente
arbeid voerde gaandeweg naar een voldaan-
heid, een 'dronkenschap' die niet meer het
resultaat was van nuttige arbeid. Tegenover
de profane wereld van de arbeid, die volledig
gerationaliseerd is en door regels geordend,
wenste de mens zich steeds meer over te
geven aan de sacrale wereld van het spel, van
de kunst, van de functieloze esthetiek. In de
kunst kan de mens zijn diepste impulsen
volgen en zijn menszijn in alle opzichten
onderkennen. 'De kunst, van de grotschilde-
ringen van Lascaux en de antieke Dionysos-
taferelen tot schilderijen van Rubens, Goya en
Balthus, is doortrokken van het besef dat de
gewelddadigheid van de erotiek in laatste
instantie identiek is met de gewelddadigheid
van de dood. Het geweld van het delirium, dat
uit het innerlijk van de mens opwelt, is het
geweld waarmee de dood over de geordende
wereld zegeviert.'

## Less is Less, More is More

Het spel, de overtreding, de tegenstrijdige
werelden van genot en afschuw horen bij de
mens. Bij de uiterste grenzen van ons menszijn
ontdekken we pas goed wie wij zijn. Dat kunst
daarin een rol speelt is gemakkelijk te verklaren.
Maar design? Binnen de theorie van Bataille
behoren functionele objecten tot de profane
wereld van de arbeid, de wereld van nut en
functionaliteit. Het is dan ook niet verwonder-
lijk dat aan het eind van de negentiende eeuw
functieloze decoratie en ornamentiek golden
als decadente vormgeving. Aanhangers van dat

soort 'decadente' vormgeving, zoals de eerder
genoemde Huysmans, keerden zich eind
negentiende eeuw tegen wat ze zagen als de
wansmaak, het utilitarisme van de moderne
tijd die door de industrialisatie op gang kwam.
Een modernistisch gebouw als de Parijse Eiffel-
toren deed Huysmans af als 'de torenspits van
Onze-Lieve-Vrouw van de Prullaria'. Toch is het
juist dit functionalistische, sobere karakter
waardoor avant-garde vormgeving gedurende
vrijwel de hele twintigste eeuw gekenmerkt zou
gaan worden. De Bauhaus' slogans uit de jaren
dertig 'less is more' en 'vorm volgt functie'
verwierven een blijvende impact in de designwereld.[12] Decoratie en decadente frivoliteiten
pasten daar niet in en werden verbannen naar
de truttige zijlijn.

Dat roept de vraag op of het gebruik van
decoratie zoals we die in de laatste jaren weer
voorzichtig in hedendaagse vormgeving zien
terugkomen nog steeds wijst op decadentie.
Het antwoord op die vraag is nog niet zo
eenvoudig, lijken de studenten met hun
ontwerpen te zeggen. Hun gebruik van decoratie heeft weinig te maken met functieloze
toevoegingen en betekenen al evenmin een
nostalgische terugkeer naar het verleden.[13]
Geheel in lijn met wat er in de laatste decennia
binnen de voorhoede van de designwereld
is gebeurd, geven de studenten inhoudelijk
commentaar op de wereld én op het eigen
vakgebied. Al enkele tientallen jaren heeft
design zich losgezongen van zijn oorspronkelijke, strikt functionele missie. Niet in de laatste
plaats door toedoen van Droog Design, het in
1993 opgerichte Nederlandse platform voor
conceptueel design, leunen de producten van
hedendaagse vormgevers qua ideeënrijkdom
tegen de wereld van de beeldende kunst aan.
Naast functionele eisen draait het om een
sterke inhoud, om humor, ironie en commen-

ornamentation', 'function follows degeneration', '…violence', '…sexuality'.

Well beyond functionality, Johannes Gille designed women's shoes with the impossibly high heels of elegant chair legs, thus mocking bizarre ideals of beauty. Raphael Navot ironizes the specialist field with his design of a vase that derides every notion of functional use. Analogous to the illusionary world of Internet, Navot built an ingenious web of threads and beads that represent a digitized vase design. With this, he implicitly comments on the non-functionality of many modern design products whose pretension reaches far beyond useful-ness. Decadent? Well, who cares?

taar, om de combinatie van nut en spel. Van designers wordt verwacht dat zij de vinger weten te leggen op conventies in de huidige samenleving maar ook op vooringenomen-heden binnen het eigen vak. Van designers wordt zowel een visie op onze menselijke zijnswijze verwacht als mogelijke antwoorden op geconstateerde problemen. Het thema decadentie leende zich daar uitstekend voor. De huidige samenleving werd onder een kritische loep gelegd, de mens binnenstebuiten gekeerd en het designvak bestookt met nieuwe perspectieven, met nieuwe decadentie wellicht. De overbekende, en door sommigen als decadent ervaren, slogan 'vorm volgt functie' werd omgedraaid en veranderd in: 'functie volgt decoratie', 'functie volgt ornament', 'functie volgt verval', -geweld', -seksualiteit'.

Voorbij de functionaliteit ontwierp Johannes Gille damesschoenen met de onmogelijk hoge hakken van elegante stoelpoten en neemt daarmee bizarre schoonheidsidealen op de korrel. Raphael Navot ironiseert het vakgebied met zijn ontwerp van een vaas die elke kans op functioneel gebruik met hoongelach beant-woordt. Analoog aan de illusoire wereld van het internet bouwde Navot een ingenieus web van draden en kralen die een gedigitaliseerde vaasvorm laten zien. Impliciet zegt hij daarmee ook iets over de onfunctionaliteit van veel hedendaagse designproducten wier pretentie ver voorbij nuttigheid reikt. Decadent? Who cares.

EXTREME

EXTREEM

Everything is accepted, nothing is rejected. Extreme decadence explores the world of excess. Pleasure and aggression determine the form, with no restrictive measures. These extremes are cherished in a humorous way. *Letting oneself go* has been elevated to an art form. House parties, subclubs, pornography, videoclips, and advertising function as inspiration. Bad taste is also seen as art. Key terms are: overwhelm, perplex, shock and, above all, challenge.

### 139  Bas Warmoeskerken

Bergen op Zoom, the Netherlands, 1977

*Snowwhite and Delftblue*, 2002, prototype, painted stoneware, Ø 34 cm

A line of coke can really be snorted from the deep, grooved decoration of this plate.

### 140  Joris Laarman

Borculo, the Netherlands, 1979

*Painfully Beautifull*, 2002, 'Wedgwood' vomiting bowls with vomit-inducers and napkins, prototypes, porcelain, chromium, cotton, gold embroidery, h. 21 cm, Ø 21 cm, realization in conjunction with the European Ceramic Work Centre, Den Bosch, the Netherlands

Laarman plays with the idea of eating disorders such as anorexia and bulimia. He designs vomiting bowls in classical Wedgwood style with elegant metal 'vomit-inducers' that are arranged next to the dinner plate. The matching napkin has the following maxim embroidered in gold: *Only the ugly say beauty comes from within!*

### 141  DJ Chantelle

Rotterdam, 1968

*Cookie-jar*, 2003, glazed fire-clay, h. 56 cm, w. 35 cm, realization in conjunction with Norman Trapman

A contemporary variant on granny's biscuit tin, a black figure of fantasy guards the treats. The *cookie-jar*

comes from the *Objects of Desire* series that centres on intimidating seduction.

### 142  Matteo Thun

Bolzano, Italy, 1952

teapots from the *Rara Avis* series, 1982, from left to right: *Cuculus Canoruso* (cuckoo) h. 25 cm, *Larus Marinus* (seagull) h. 37 cm, *Corvus Coraxo* (raven) h. 22 cm, *Columbia Gratiosa* (dove) h. 23 cm, glazed porcelain, produced by Alessio Sarri in Sesto Fiorentino, Italy, from the collection of Petra and Erik Hesmerg, Sneek, the Netherlands

The shapes of these abstract ceramic pots for tea, coffee and cocktails are based on various birds. They have been glazed with subtle lustres. This *Columbia Gratiosa* has been signed *pour Karl* (for Karl Lagerfeld).

### 144  IRIS

Delft, the Netherlands, 1976

*HOOP GELOOF LIEFDE (HOPE BELIEF LOVE)*, 2004, glazed fire-clay, gold glaze, Swarovski crystals, h. 60 cm, w. 50 cm, realized in conjunction with Norman Trapman

The whatnot as a temple of love, belief, and hope. IRIS on her work: 'My designs are common everyday items with an excess of gold, tattoos, and glitters. I have a Slavonic background and am a technique freak, a perfectionist,

so that people often call my work "kitsch", which doesn't upset me a bit. After all, I'm here on this planet for the first time and everything I experience is completely new.'

### 145  Tejo Philips

Den Helder, the Netherlands, 1960

*Monument voor de eierdop (Monument for the Eggcup)*, fire-clay and gold glaze, h. 13 cm, l. 15 cm

The Benjamin of the dinner service, self-willed, loved but threatened with extinction: the eggcup. Philips elevates it to a rough but idyllic island.

### 146  Hans van Bentem

The Hague, the Netherlands, 1965

*Penetration 1–9*, 2003, Friesian yellow clay with tin glazing, hand-painted, plates Ø 23.5–41 cm, realization in conjunction with Koninklijke Tichelaar Makkum

According to Van Bentum, qualifying humour and *over-the-top* do not exist. Everything is acceptable. In this case, he presents plates from which food can be licked. Combining pornography with the traditional Makkum earthenware faience technique generates an exciting product.

Only the ugly say
beauty
comes from within.

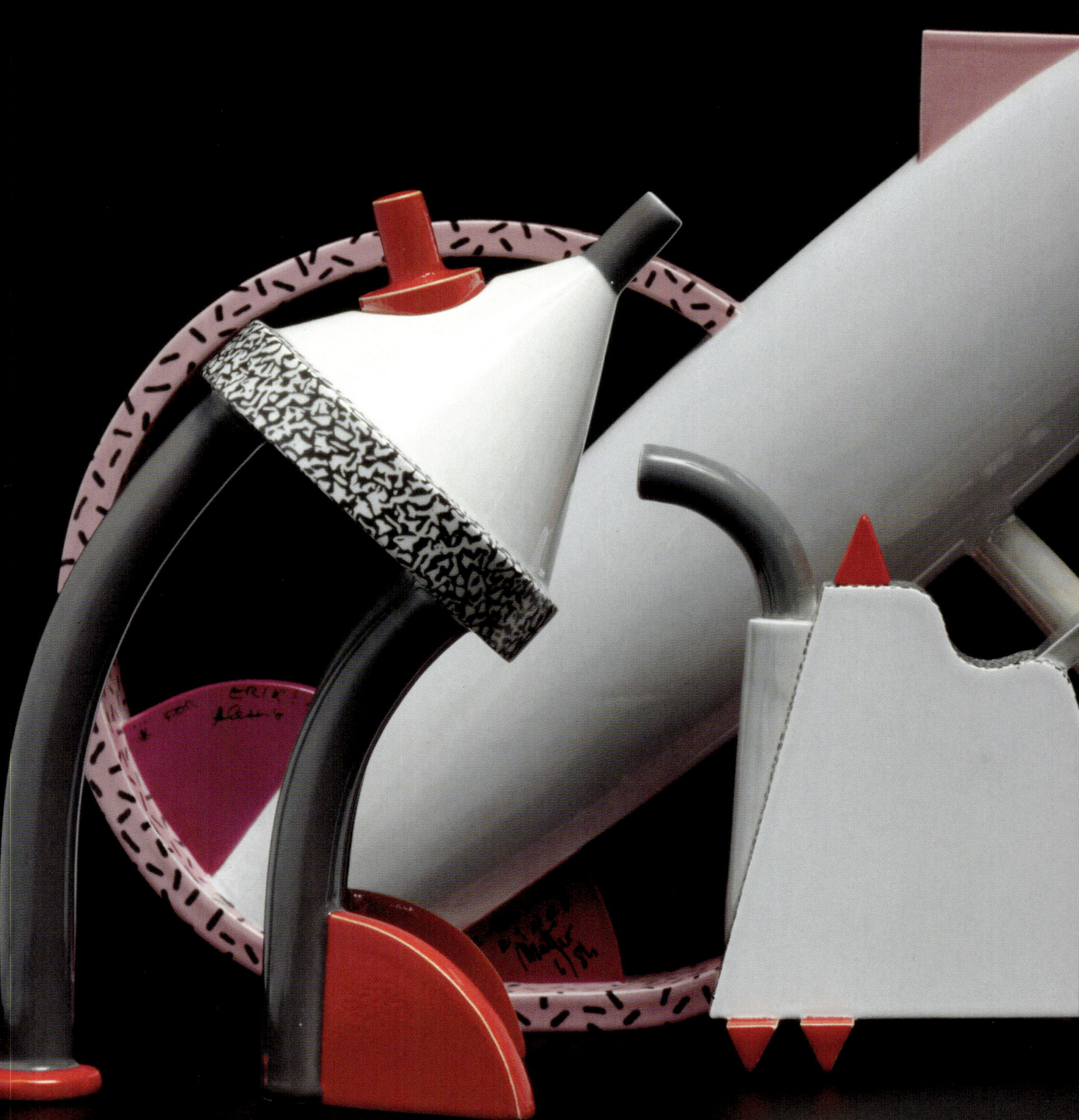

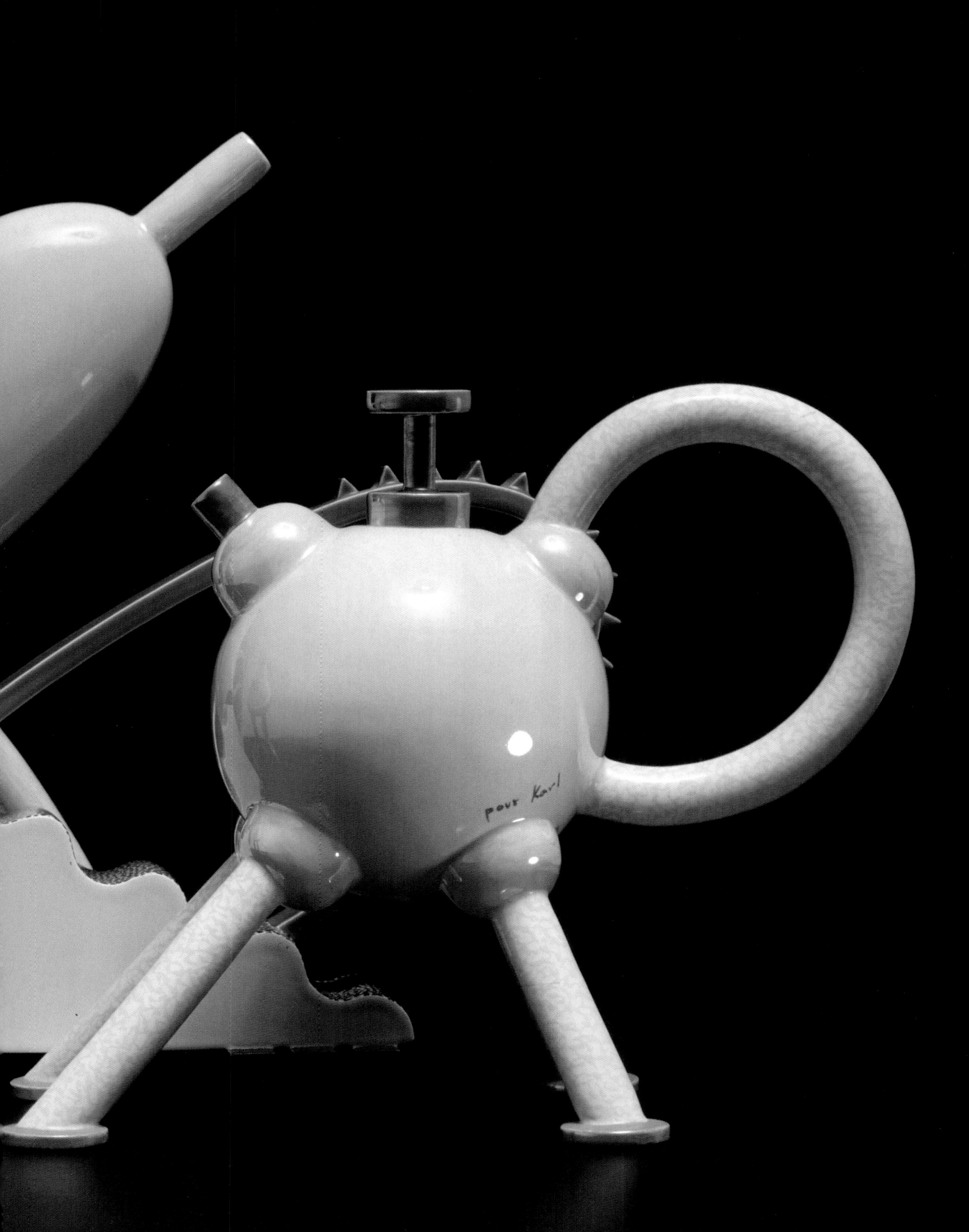

pour Karl

Alles kan, alles moet. De wereld van het excessieve wordt geëxploreerd. Genot en agressie bepalen de vorm zonder enige maatvoering. Deze extremen worden op humoristische wijze gekoesterd. Het *jezelf laten gaan* tot kunst verheven. Houseparty's, subclubs, pornografie, videoclips en reclame zijn inspiratie. Wansmaak wordt tot kunst gemaakt. Verbijsteren, imponeren, shockeren en vooral confronteren.

## 139 Bas Warmoeskerken

Bergen op Zoom, Nederland, 1977

*Snowwhite and Delftblue*, 2002, prototype, geverfd steengoed, Ø 34 cm

Uit de verdiepte decoratie van dit cocaïnebord kan letterlijk een 'lijntje' worden gesnoven.

## 140 Joris Laarman

Borculo, Nederland, 1979

*Painfully beautiful!*, 2002, 'Wedgwood'-kotsbakken met kotsopwekkers en servettten, prototypen, porselein, chroom, katoen, goudborduursel, h. 21 cm, Ø 21 cm, uitvoering in samenwerking met het Europees Keramisch Werkcentrum, Den Bosch

Laarman speelt in op eetstoornissen als anorexia en boulimia. Hij ontwerpt kotsbakken in Wedgwood-stijl met elegante metalen 'kotsopwekkers' om naast het bord te plaatsen. Op het bijpassende servet is in goud geborduurd: *Only the ugly say beauty comes from within!*

## 141 DJ Chantelle

Rotterdam, Nederland, 1968

*Cookie-jar*, 2003, geglazuurde chamotte, h. 56 cm, br. 35 cm, uitvoering in samenwerking met Norman Trapman

Een hedendaagse variant op oma's koektrommel, een zwarte fantasiefiguur waakt over zoete lekkernijen. De *cookie-jar* stamt uit de serie kunstwerken *Objects of Desire*, waarin het afschrikwekkende verleiden centraal staat.

## 142 Matteo Thun

Bolzano, Italië, 1952

theepotten uit de serie *Rara Avis*, 1982, v.l.n.r. *Cuculus Canoruso* (koekoek) h. 25 cm, *Larus Marinus* (zeemeeuw) h. 37 cm, *Corvus Coraxo* (raaf) h. 22 cm, *Columbia Gratiosa* (duif) h. 23 cm, geglazuurd porselein, uitvoering Alessio Sarri in Sesto Fiorentino, Italië, collectie Petra en Erk Hesmerg, Sneek, Nederland

De vormen van deze geabstraheerde keramische potten voor thee, koffie en cocktails zijn gebaseerd op verschillende vogels. Zij zijn geglazuurd met fijnzinnige lusters. Deze *Columbia Gratiosa* is gesigneerd *pour Karl* (voor Karl Lagerfeld).

## 144 IRIS

Delft, Nederland, 1976

*HOOP GELOOF LIEFDE*, 2004, geglazuurde chamotte, goudglazuur, Swarovski-kristallen, h. 60 cm, br. 50 cm, uitvoering in samenwerking met Norman Trapman

De étagère als tempel van liefde, geloof en hoop. IRIS over haar werk: 'Mijn ontwerpen zijn gewone, ordinaire dingen met een overdaad aan goud, tatoeages en glitterstenen. Ik heb een Slavische achtergrond en ben een techniekfreak, een perfectionist, waardoor men mijn werk wel kitsch noemt, dat deert mij geenszins. Tenslotte ben ik voor het eerst op deze aardbol en alles wat ik meemaak is nieuw.'

## 145 Tejo Philips

Den Helder, Nederland, 1960

*Monument voor de eierdop*, chamotte en goudglazuur, h. 13 cm, l. 15 cm

De benjamin van het servies, eigenzinnig, geliefd maar bedreigd in zijn voortbestaan: de eierdop. Philips verheft hem tot een ruig, maar idyllisch eiland.

## 146 Hans van Bentem

Den Haag, Nederland, 1965

*Penetration 1-9*, 2003, Friese gele klei met tinglazuur, handbeschilderd, borden Ø 23,5-41 cm, uitvoering in samenwerking met Koninklijke Tichelaar Makkum

Relativerende humor en *over de top* bestaan volgens Van Bentem niet. Alles is geoorloofd. In dit geval borden om van te likken. Door de traditionele faïencetechniek van het Makkumer aardewerk te combineren met pornografie ontstaat een spannend product.

# Decadence in the Slipstream of Technology
# Decadentie in het kielzog van technologie

Matthias Keller

Matthias Keller is a designer and owns a
model-making company in 's-Hertogenbosch,
the Netherlands.

Matthias Keller is vormgever en eigenaar van een
modellenmakerij te 's-Hertogenbosch.

1 'Fine ceramics' refers to the sector that produces dinner services and decorative products in earthenware, stoneware and porcelain. This contrasts with the 'heavy clay' industry that produces bricks, roofing tiles, etc. and the sanitary production industry that produces tiles, toilet pots, etc.

2 'Bisque firing' refers to firing clay to a temperature of around 1000 °C. The clay is thus sintered, making it no longer soluble in water, although it remains porous so that it can absorb liquids. This is done to facilitate the application of glazing, which is generally applied as a water-based solution after the 'bisque firing' process.

3 The term 'drying shrinkage' refers to the drying of clay from a wet state. This does not occur in a linear fashion. The term 'sintering behaviour' refers to the property of clays when they change from a solid to a liquid state during firing, which is also occasionally called 'melting' or 'vitrification'. Depending on the type of clay (ranging from stoneware to porcelain), the clay can sinter in such a way that the ceramic object can become water-tight (porcelain fired above 1260°C is completely sintered). In contrast, earthenware always remains porous because it cannot be adequately sintered - it loses its shape at high temperatures. In the worst case, it can even become fluid and fix itself to the oven.

4 A 0-series indicates where any faults in the design may be found, by checking around 100 identical products throughout the entire production process (design, bisquit firing, glazing, and glaze firing). The final results demonstrate whether or not the new form is suited to serial porcelain production. If everything is deformed in the same way, for example, this indicates that there is a fault in the design.

5 Decoration firing is the process in which the transfers or hand-painted patterns are burnt into an already glazed surface.

6 Transfers are adhesive pictures of ceramic material that are baked into the glazing. They are currently manufactured by means of screen printing techniques.

7 (Precious) stone with carved relief figures.

8 Computer Aided Design (CAD) applications are software programs for designing three-dimensional objects. Computer Aided Manufacturing (CAM) applications are software programs for the implementation of CAD designs, by steering, for example, a three-axes fraise.

1 Met fijnkeramische industrie wordt de tak omschreven die serviesgoed en sierkeramiek produceert in aardewerk, steengoed en porselein. Hiertegenover staat de grofkeramische industrie die bakstenen, dakpannen en dergelijke produceert en de sanitairindustrie die tegels en toiletten vervaardigt.

2 Biscuitbrand wordt het stoken van klei genoemd op circa 1000 °C. De klei is dan gesinterd en lost niet meer in water op maar is nog wel poreus zodat hij water kan opnemen. Dit wordt gedaan om de glazuurapplicatie te vergemakkelijken, die in vorm van in water opgeloste grondstoffen meestal na de biscuitbrand wordt aangebracht.

3 Met droogkrimp wordt het drogen van de klei van de natte naar de droge toestand bedoeld, dit vindt niet lineair plaats. Met sintergedrag wordt de eigenschap van kleisoorten bedoeld dat ze tijdens het stoken van een vaste in een vloeibare fase overgaan, dit wordt ook omschreven als versmelten of verglazen. Afhankelijk van de kleisoort (van steengoed klimmend tot porselein) kan kleimassa dusdanig sinteren dat de keramiek waterdicht wordt (porselein is boven de 1260 graden gestookt volledig gesinterd). Aardewerk daarentegen blijft altijd poreus, omdat aardewerk, wil men het volledig dicht sinteren, zijn vorm verliest of in het ergste geval vloeibaar wordt en in de ovens vastbakt.

4 Een 0-serie laat zien waar eventuele fouten in het ontwerp zitten. Door middel van het doorlopen van ongeveer honderd van dezelfde producten door het gehele productieproces (vormgeven, biscuitbrand, glazuren en glazuurbrand). Aan de hand van de eindresultaten kan men beoordelen of de nieuwe vorm geschikt is voor een porseleinproductie. Als bijvoorbeeld alles op dezelfde manier gedeformeerd is wil dat zegen dat in het ontwerp een fout zit die veranderd moet worden wil het product de vuurproef doorstaan.

5 De decoratiebrand is een brand waar de transfers of handbeschilderingen op een reeds geglazuurd oppervlak wordt ingebrand.

6 Transfers zijn plakplaatjes van keramische materialen die op of in het glazuur worden gebrand, die middels zeefdruktechnieken worden vervaardigd.

7 (Edel)steen met gesneden reliëffiguren.

8 Computer Aided Design (CAD) zijn software-applicaties voor het ontwerpen. Computer Aided Manufacturing (CAM) zijn softwareapplicaties voor het uitvoeren van CAD-ontwerpen door bijvoorbeeld een drie-assen frees aan te sturen.

The decadent dinner service: luxuriant forms and excessive decoration appear in our mind's eye. The fact that dinner-service design can be decadent will be self-evident. But does this also entail a causal link between the design of these objects and the way in which they are manufactured? Can production techniques themselves be decadent?

When we think of decadence, we generally call to mind a process of moral degeneration; but it also involves a longing for pleasure, for beauty, for refinement. Decadence is actually a value judgement on a yearning that one person may brand as immoral while another may regard it as vital. Of course, this value judgement has nothing to do with the technology applied to create a particular object. We expect technology to be free of value – merely a tool, a means to an end. The fact that technology can be elaborate and intricate is not an indication of decadence, for, in such a case, this would mean that traditional time-consuming and labour-intensive techniques would be decadent while serial production methods are not. It is not quite as simple as that. Decadence primarily involves the demands of the consumer who longs for a certain amount of refinement and consequently the refined product itself. Accordingly, our considerations shift from the designer toward the producer of the 'decadent' object. At which moment in this process does decadence make its stealthy entrance?

With the comprehensive technical developments that arose in the twentieth century, the generation of 'decadent' design in the fine-ceramics[1] industry, expressed in extravagantly decorated high-quality porcelain that makes use of expensive materials, abundant reliefs and exuberant and complicated painted motifs, underwent a fundamental change. The shift from a traditional craft industry to an industrial

Decadent serviesgoed. Voor ons geestesoog verschijnen veel weelderige vormen en veel overbodige decoratie. Het is duidelijk dat er zoiets bestaat als decadentie in de vormgeving van serviezen. Maar betekent dat ook dat er een causaal verband is tussen de vormgeving van deze serviezen en de manier waarop ze zijn gemaakt? Kunnen productietechnieken decadent zijn?

Bij decadentie denken we doorgaans aan een proces van moreel verval, maar ook aan een zucht naar genot, naar het schone en verfijnde. Decadentie is feitelijk een waarde-oordeel over een verlangen dat de een als immoreel en de ander juist als aantrekkelijk zal bestempelen. Dit waardeoordeel heeft natuur-lijk niets te maken met de technieken waarmee de objecten zijn gemaakt. Van techniek mogen we verwachten dat deze waardevrij is, dat ze alleen een gereedschap is, een middel tot een doel. Zelfs het gegeven dat techniek complex kan zijn is nog geen indicatie van decadentie. Want dan zou de constatering volstaan dat tijd- en arbeidrovende ambachtelijke technieken decadent zijn en seriële productiemethoden niet. Maar zo eenvoudig is het niet. Decadentie heeft allereerst te maken met de vraag van de consument die naar verfijning verlangt en vervolgens met het verfijnde product zelf. Zo belanden we bij de producent en nog een stap verder bij de ontwerper van het 'decadente' product. Op welk moment in dit proces sluipt decadentie binnen of houdt decadentie op?

De ingrijpende technische ontwikkelingen die zich in de twintigste eeuw voltrokken, hebben een grote invloed gehad op het fijnkeramische[1] productieproces van 'decadente' ontwerpen, weelderig gedecoreerde keramiek uitgevoerd in een hoogwaardige kwaliteit, gebruikmakend van kostbare materialen, van uitbundige reliëfs en/of rijke en ingewikkelde beschilderingen.

method of production was primarily powered by the competition between porcelain manufacturers. On the one hand, this shift led to ever-advancing innovation in technological processes. On the other, the production worker as well as the designer and the design process were made subordinate to the dynamics of process innovation.

**Technological developments and process innovation**

The mechanization of production and capital investments in the production process enabled the division of labour into increasingly smaller elements. The division of conception/design and implementation, allied to support from advancing mechanization, led to a complete renovation of the production process. Labour division became a premise of increasing productivity and growing prosperity well into the post-war reconstruction period. In the 1970s and 80s, most companies directed their efforts to improving the manufacturing process because they recognized this as an effective weapon in the hard world of competition. The fine-ceramics industry was no exception and new machinery was deployed on a large-scale here, too. The next important development occurred in the 1990s – the transition from the mechanical to the digital era. As a consequence, not only did office culture change dramatically but workplace activities also became dependent on digital applications within a relatively short space of time.

With the introduction of labour division and new technologies, the role of humans themselves became the object of two structural alterations. The first occurred with the switch from traditional craftsmanship to industrial methods of production. The thoroughly trained craftsman, responsible for the entire production process up to and including the final product, was gradually replaced by the poorly or even uneducated industrial worker, integrated in a complex, rigidly structured organization. Within this system, the worker only had to perform a few actions, and comprehensive expertise was no longer expected of him. The genesis of the production worker gave rise to the peculiar mixture of little or no knowledge combined with a thoroughly professional domain. In contrast, the (former) craftsman began to engage in specialist activities and devoted his attention to a certain single area of production. In this way, specialist occupations arose, such as the model-maker, for example, who specializes in making models but has little vocational knowledge outside this field.

Further development of production techniques threatened even the skilled worker, such as the specialist in jiggering, for example. Jiggering in this context refers to designing a plate, cup or dish by means of a plaster mould into which malleable clay is poured or thrust, after which the result is shaped to the required thickness by means of a template. This technique was still the work of professional specialists until the 1970s. However, the advent of isostatic pressing technology in the fine-ceramic industry meant the disappearance of this skilled worker within a relatively short period of time. The isostatic press can produce a plate from clay powder granulate with the assistance of two matrices that are forced together under high pressure, a process that can be implemented with great rapidity. Due to the small amount of moisture in the granulate, the plate thus produced can be put into the so-called 'bisque' oven as soon as it comes out of the press and has passed the quality control.[2] This innovation had far-reaching consequences: the design process was simplified, it was no longer necessary to prepare large bodies of clay in the factory, the matrix replaced the

De verschuiving van een ambachtelijke naar een industriële productiewijze werd voornamelijk aangedreven door de concurrentie tussen keramische bedrijven. Enerzijds leidde dit tot een steeds voortschrijdende technische procesinnovatie, anderzijds werden zowel de productiemedewerker, de ontwerper als het ontwerpen ondergeschikt gemaakt aan de dynamiek van de procesinnovatie.

## Technische ontwikkelingen en procesinnovatie

Mechanisering van de productie en kapitaalinvesteringen in het productieproces maakten het mogelijk om arbeid in steeds kleinere stappen op te delen. De arbeidsdeling van het bedenken – het ontwerpen – en het uitvoeren enerzijds en de ondersteuning door de voortschrijdende mechanisering anderzijds leidden tot een vernieuwing van het productieproces. De arbeidsdeling werd tot premisse voor een toenemende productiviteit en een stijgende welvaart tot in de naoorlogse wederopbouw. De meeste bedrijven hebben zich in de jaren zeventig en tachtig van de twintigste eeuw gericht op het verbeteren van het fabricageproces, omdat ze hierin het wapen zagen voor de harde concurrentiestrijd. Ook in de fijnkeramische industrie verrezen in die tijd grootschalige machineparken. In de jaren negentig deed zich een volgende belangrijke verschuiving voor, die van het mechansche naar het digitale tijdperk. Hierdoor zou niet alleen de kantoorcultuur ingrijpend veranderen, maar ook in de werkplaatsen bleken digitale toepassingen al snel niet meer tegen te houden.

Tegelijk met de invoering van arbeidsdeling en nieuwe technologieën zou ook de rol van de mens in het productieproces tweemaal structureel veranderen. De eerste keer gebeurde dat door de overgang van de ambachtelijke naar de industriële productiewijze. De vakkundig

opgeleide ambachtsman die verantwoordelijk was voor het gehele productieproces tot en met het eindresultaat, werd geleidelijk vervangen door de laag of ongeschoolde industriearbeider, die geïntegreerd werd in een complex, strak gestructureerde organisatie. Binnen dit systeem hoefde de arbeider slechts enkele eenvoudige handelingen te verrichten en werd van hem geen allesomvattende ambachtelijke kennis meer verwacht. De creatie van de productiemedewerker leverde de vreemde mix op van weinig tot geen kennis maar wél een vakgebied. De vakarbeider daarentegen begon zich te specialiseren en hield zich alleen nog met een bepaald onderdeel van de productie bezig. Zo ontstond bijvoorbeeld het beroep van modelleur. Deze heeft zich gespecialiseerd in het maken van de modellen, maar daar houdt zijn kennis ook op.

Kennis en vakmanschap ontwikkelden zich steeds verder. Ook de vakarbeider zou in het geïndustrialiseerde tijdperk langzaamaan verdwijnen. Dit gold bijvoorbeeld voor de specialist in het kalibreren. Kalibreren is het vormgeven van een bord, kopje of schaal met behulp van een gipsen mal waarin een plastische klei wordt gegoten of gedrukt, waarna de wand met behulp van een sjabloon op de juiste dikte wordt gebracht. Tot in de jaren zeventig van de twintigste eeuw was deze techniek nog het werk van specialisten met vakkennis en ambachtelijke vaardigheden. Maar door de komst van de isostatische pers in de fijnkeramische industrie verdween deze vakman in vrij korte tijd van het toneel. De isostatische pers kan in een mum van tijd van een kleipoedergranulaat een bord produceren met behulp van twee matrijzen die met hoge druk op elkaar worden geperst. Door het geringe vochtgehalte van het granulaat kan het bord, zodra het uit de pers komt, na een eenvoudige kwaliteitscontrole in de biscuit-

many plaster moulds, and production took place largely automatically. Less manpower, fewer moulds, less drying time, and less storage and drying space for the moulds were needed to create an equal or even greater production.

The second major structural alteration came with the introduction of digitally operated fully automated machines, which led to an increasingly shorter and cheaper production cycle. The result was that manpower was scarcely required at all, while the production capacity rose and the cost price fell.

Nevertheless, these changes occurred at a much slower rate in the fine-ceramics industry than in other industries, such as the car branch, for example. This was not only due to the economic position of the car branch and the fact that much investment is devoted to the development of new technology. It was primarily due to the fact that the fine-ceramics industry works with a natural raw material. In contrast to steel, for example, the properties of clay are not constant. The various kinds of clay are pre-treated, ground and purified only to a certain extent. They originate from various clay pits, which does spread the risks and thus guarantees more continuity and reliable quality. Nevertheless, notwithstanding these measures and despite increased knowledge on the chemical composition of the clay and its sintering behaviour with regard to a maximum firing temperature, the form-dependent shrinkage in height and width[3] still cannot be precisely determined. This means that semi-manufactures and final products have a certain degree of tolerance in their dimensions.

Although intensive research is being performed to chart all the variables that influence shrinkage, the results have not yet been able to produce a system that can predict the final product from a particular design.

In such matters, the product development still has to rely on the experience of the model-maker, and the realization of a 0-series remains essential.[4] This method is time-consuming and it is not surprising that the product development of a series, from the first concept to the final product, usually takes at least a year. Another well-known property of ceramic material is its sensitivity to breakage.

These factors make the deployment of machines difficult, although not impossible. On the one hand, the machines limit the parameters of the design because they cannot create everything that used to be possible with a traditional approach. On the other hand, production techniques are evolving ever further, supported by scientific research and a growing knowledge of raw materials and production-technological processes. An example of the technological evolution is the quick-fire process, a short firing cycle enabled by attuning the size and thickness of the product and its subsequent glazing to the chemical composition of the clay body. The disadvantage of this technique, however, is that it imposes constraints on the height and thickness of the product, which needs to be evenly heated during the firing process. If any of these relevant factors are over- or underrepresented, the product can easily be lost in the production process. The quick firing cycle is mainly used in the decoration-application process, enabling the rapid delivery of specific orders.[5] Stocks of final products can be restricted in favour of glazed but undecorated products – semi-manufactures – that are ready for the final decoration process. This and other process innovations support marketing activities and the logistic operation of goods transport.

Another important innovation in the fine-ceramics industry was the introduction of the silk-screen printing and decal-transfer technique.[6]

brand.[2] Dit had verstrekkende gevolgen: het
vormgeven werd vereenvoudigd, in het bedrijf
hoefde men geen kleimassa meer te prepareren,
de matrijs verving de vele gipsen mallen en de
productie verliep automatisch. Het gevolg was
dat er nauwelijks nog menskracht nodig was,
terwijl de productiecapaciteit hoger en de
kostprijs lager werd.

Het tweede keerpunt voor de mens kwam
door de invoering van digitaal aangestuurde
volautomaten. Dit leidde tot een steeds goed-
kopere en kortere productiecyclus. Er waren
immers minder mallen nodig, minder droogtijd,
minder opslag- en droogruimte voor de mallen
en vooral minder menskracht om dezelfde of
zelfs grotere productie te draaien.

In de fijnkeramische industrie hebben
veranderingen zich veel langzamer voltrokken
dan in bijvoorbeeld de auto-industrie. Dit heeft
niet alleen met de economische positie van de
auto-industrie te maken en het feit dat in
deze branche veel geïnvesteerd wordt in het
ontwikkelen van technologieën. Het komt
vooral doordat in de fijnkeramische industrie
met een natuurlijke grondstof wordt gewerkt.
Anders dan bijvoorbeeld staal heeft klei geen
constante eigenschappen. De kleisoorten zijn
beperkt voorbewerkt, gemalen en gezuiverd,
en ze komen uit verschillende kleigroeven
waardoor er een risicospreiding is die meer
continuïteit en betrouwbare kwaliteit oplevert.
Maar ondanks deze maatregelen en de kennis
over bijvoorbeeld de chemische samenstelling
van de kleimassa en het sinterbereik met een
maximale stooktemperatuur, is de vorm-
afhankelijke krimp[3] in hoogte en breedte niet
precies vast te stellen en houden de half- en
eindproducten een zekere tolerantie in de
maatvoering. Er wordt weliswaar intensief
onderzoek gedaan om alle variabelen in kaart
te brengen die de krimp beïnvloeden, maar de
resultaten hebben nog niet tot een systeem

geleid dat exact vanuit een ontwerp kan voor-
spellen hoe het eindresultaat zal worden.
Hier moet de productontwikkeling nog altijd op
ervaringsgegevens van de modelleur terug-
vallen en in de porseleinverwerkende industrie
is het uitwerken van een 0-serie nog steeds
noodzakelijk.[4] Deze methode is tijdrovend
en het is niet verwonderlijk dat de productontwikkeling van een servies van het eerste
idee tot en met het uiteindelijke product
gemiddeld minimaal één jaar duurt.

Een andere bekende eigenschap van
keramisch materiaal is de breukgevoeligheid.
Deze factoren maken een inzet van machines
weliswaar moeilijk maar niet onmogelijk.
Enerzijds beperken de machines het kader van
de ontwerper omdat ze niet alles kunnen maken
wat ambachtelijk wel mogelijk was. Anderzijds
ontwikkelen de productietechnieken zich
steeds verder, ondersteund door wetenschap-
pelijk onderzoek en de toenemende kennis
over zowel de grondstoffen als productietech-
nologische processen. Een voorbeeld van zo'n
technologische ontwikkeling is de snelbrand,
een korte stookcyclus die mogelijk is doordat
de samenstelling van de kleimassa, de grootte
en dikte van het product en de glazuren
volledig op elkaar zijn afgestemd. Het nadeel
van deze techniek is tegelijkertijd dat ze
beperkingen oplegt aan de hoogte en dikte
van het product dat immers tijdens het stoken
gelijkmatig snel verhit moet kunnen worden.
Bij ongelijke verhoudingen gaat een product
tijdens het stookproces gemakkelijk kapot.
De korte stookcyclus wordt hoofdzakelijk
gebruikt in de decorbrand.[5] Hierdoor kunnen
bestellingen snel worden geleverd en kan
de voorraad eindproducten worden beperkt.
Dit maakt een voorraad mogelijk van geglazuurde maar nog ongedecoreerde producten
– halffabrikaten – die klaar staan voor de uiteindelijke decorbrand. Deze en andere

As a consequence, the skilled manual painter gradually vanished from the production process and the décor designer arrived in his place. This has led to a standardization of decoration; a great many decorations can be produced by means of silk-screen printing in a relatively short time. Due to the fact that various decorations can be applied using the same basic form, the transfer technique is extremely suited to reacting rapidly to trends without having to develop a new form. The advantage of this is that the high costs of product development can be recouped over a longer period, since transfer techniques are relatively cheap. Silk-screen techniques have been able to evolve due to improved raw materials and processing techniques. New possibilities have been created, such as full-colour prints that allow the application of photographically realistic images. In addition, new systems have been developed allowing the deployment of a relief on a smooth ceramic form by means of the silk-screen printing and transfer process.

The multiple application of decoration has also led to a reduction of design activities. Producers request forms that lend themselves readily to decoration: simple, smooth and large surfaces thus determine the idiom of the object to be decorated.

**Lost techniques rediscovered**
Not only did much employment disappear from the ceramics industry with the increasing use of machines, but certain techniques also vanished. This trend was not based on declining consumer appeal but rather on the fact that production tended to be complicated and thus expensive, while no other techniques were available to replace traditional production. In other words, mechanization initially offered no substitute for complex and refined techniques.

However, the advent of digital applications began to make traditional methods suitable for industrial production. An example of this is lithophanie, a technique that makes use of the *intaglio* or engraving technique used to produce cameos,[7] which were extremely popular at the end of the nineteenth century. These decorative objects, with an engraved image in transparent cast of bone china a millimetre thick, were placed in front of a light source to display their secret. But the technique, which was only known to a few well-educated specialists, gradually disappeared because it demanded so much processing. The advent of CAD/CAM techniques[8] has offered new possibilities to reinstate lithophanie. There is software that can translate a black-and-white picture into a three-dimensional form as a positive or negative bas-relief. Wedgwood currently makes use of this technique in atmospheric lighting. In addition, CAD/CAM offers the designer the opportunity to make use of reliefs within the product design.

In the traditional craftsmanship-based fabrication of models, the model-maker was expected to possess great expertise. If the form turned out to be unstable during the firing process and deformed during the 0-series, the model-maker had to begin anew. As a consequence of this time-consuming labour intensiveness, relief techniques largely fell into disuse. Nowadays, the work of the model-maker is supported by computer-operated machines, which have also assumed some of his tasks. The great merit of CAD is the possibility to modify the original design, allowing errors to be rectified without having to construct everything all over again in the traditional fashion. By cutting and pasting files or components, any detail can be duplicated or adapted.

The above-mentioned advantages make

procesinnovaties ondersteunen de marketing
en logistieke afhandeling van de goederen-
stroom. Een andere belangrijke innovatie is
de introductie van de zeefdruk- en transfer-
techniek in de fijnkeramische industrie.[6]
Hierdoor verdween de ambachtelijke schilder
geleidelijk uit het productieproces en kwam
de decorontwerper voor hem in de plaats.
Dit proces leidde tot een standaardisering van
de decoratie; in een betrekkelijk korte tijd kan
met behulp van zeefdruk een grote hoeveelheid decors worden gereproduceerd. Doordat
er op eenzelfde basisvorm met verschillende
decors kan worden gewerkt is de transfer-
techniek zeer geschikt om snel op trends in
te spelen zonder een nieuwe vorm te moeten
ontwikkelen. Het voordeel hiervan is dat de
hoge kosten van een productontwikkeling
over een langere periode terugverdiend kunnen
worden, de transfertechnieken zijn immers
verhoudingsgewijs goedkoop. De zeefdruktechnieken hebben zich verder kunnen
ontwikkelen door verbeterde grondstoffen
en verwerkingstechnieken. Er werden nieuwe
mogelijkheden gecreëerd, bijvoorbeeld
full colour prints waarmee fotorealistische
afbeeldingen kunnen worden gemaakt.
Bovendien zijn er systemen ontwikkeld waarmee het mogelijk is via de zeefdruk en transfer
een reliëf op een gladde keramische vorm
aan te brengen.

De veelvoudige toepassing van decors heeft
ook een reductie van het ontwerpkader tot
gevolg gehad. Producenten vragen om vormen
die zich goed lenen voor decoraties: eenvoudige, gladde en grote oppervlakken bepalen
dus het idioom van het te decoreren ontwerp.

**Verloren technieken herontdekt**
Met het toegenomen gebruik van machines in
de keramische industrie verdween niet alleen
werkgelegenheid maar zijn ook bepaalde

technieken in onbruik geraakt. Dit kwam niet
zozeer omdat zij niet meer in de smaak vielen
bij de consument, maar vooral omdat de
productie ingewikkeld en dus duur was en er
geen andere technologieën bestonden die de
ambachtelijke productie konden vervangen.
Met andere woorden, de mechanisering bood
aanvankelijk geen uitkomst voor complexe en
verfijnde technieken. Tegelijkertijd ontstond
ook een omgekeerde ontwikkeling: door digitale toepassingen werden oude ambachtelijke
technieken toegankelijk gemaakt voor een
industriële productie. Een voorbeeld hiervan
is de lithofanie. Deze techniek maakte gebruik
van de intaglio- of graveertechniek waarmee
gemmen[7] worden vervaardigd, om een licht-
beeld te creëren in een millimeter dun, door-
schijnend afgietsel van bone china. Deze sier-
voorwerpen die als curiositeit voor een
lichtbron werden geplaatst, waren eind negentiende eeuw zeer geliefd. Maar de techniek die
alleen door hoogopgeleide specialisten werd
beheerst, verdween omdat ze te bewerkelijk
was. Door CAD/CAM[8] zijn er echter nieuwe
mogelijkheden gekomen om de lithofanie in
ere te herstellen. Zo is er software die van een
zwart-wit afbeelding een vertaling kan maken
naar een driedimensionale vorm als positief
of negatief bas-reliëf. Wedgwood past deze
techniek momenteel toe in sfeerlichtobjecten.
Voorts biedt CAD/CAM de ontwerper de mogelijkheid om binnen het productontwerp gebruik
te maken van reliëfs. Bij het traditionele,
ambachtelijke vervaardigen van modellen
wordt van de modelleur een grote deskundig-
heid verwacht. Wanneer een vorm niet stabiel
is tijdens het stookproces en deformeert
tijdens de 0-serie betekent dit immers dat de
modelleur opnieuw moet beginnen. Het reliëf is
om die reden grotendeels in onbruik geraakt.
Inmiddels wordt ook het werk van de modelleur
door de computergestuurde machines onder-

it possible to meet the specific wishes of the customer by, for example, applying a name or company logo to a product. We have again come to the domain of special assignments, just as in the era of traditional production. This means a major step in the direction of a demand-driven market. In this case, however, the assignments are exclusively limited to the decorations and not to the forms.

**Technology and overcapacity**

It is clear that process innovation has had other consequences, too. Above all, it has led to a 'democratization' of the products: they have become accessible to large sections of the population. Technological development has both limited and extended the spectrum of the designer. Taking everything into account, however, we observe that the fine-ceramics industry has undergone serious contraction despite the increased possibilities of serial production: a similar or even greater production is being generated with fewer employees and smaller production units. For years, (fine) ceramics companies have had problems with overcapacity in the production line while the ceramics market has suffered from a recession. At the same time, we observe low product innovation. This is not only due to the fact that the development of a new product costs much time and money, as discussed above. Moreover, a better result does not automatically lead to increased turnover and profit. Although the assortment of products is increasing – the consumer is being better served, as it were – this is not being translated into a greater turnover on the whole. Here lies a major prob-lem for the ceramics manufacturer because, if he invests in process innovation and not in product innovation, and simultaneously does not explore the possibility of new markets, the result will remain marginal. This will ultimately mean that no profit-making lifecycle for the new product will arise. Many aspects have been rationalized in order to enable the profit to increase: the production process is cheaper, is more energy-saving, and there are fewer production workers. But regardless of these economic considerations, product innovation has not materialized largely due to cultural factors, the preconditions that play an important role: changes in lifestyle. The fine-ceramics industry has lost much ground in our current gastronomic culture. Other materials, such as glass, stainless steel and plastics have assumed the place of ceramics. Accordingly, the traditional dinner service has largely been reduced to plates, cups, and saucers. The soup tureen has been replaced by a shiny stainless-steel pan, the coffeepot by the glass can of the automatic coffee-maker or the thermos can.

In addition, consumer-oriented Western culture has witnessed a change in the market from supply-driven to demand-driven. The customer is always right, and now he wants tailor-made products without having to pay more for them. To modern-day producers, the conquest of new markets is now the most important aim. Producers of fine ceramics need to make greater efforts to guarantee the survival of their enterprise. In neighbouring countries we see a move towards the fusion of kindred product groups, thus creating larger structures that orientate their activities toward our lifestyle in general, including our gastronomic culture. These so-called 'soft' cultural factors exert a major influence on the production of ceramics. Companies that were traditional producers of drinking glasses, cutlery, dinner services, or kitchen implements are being absorbed into large concerns that are primarily interested in securing their market share. For example, Waterford Wedgwood is a major shareholder in a traditional porcelain producer

steund en gedeeltelijk vervangen. Het grote
voordeel van CAD is de mogelijkheid tot
modificatie van het oorspronkelijke ontwerp
waardoor eventuele fouten bijgesteld kunnen
worden zonder alles ambachtelijk opnieuw te
hoeven maken. Door knippen en plakken van
bestanden of onderdelen daarvan kan men
een detail vermenigvuldigen of aanpassen.

Naast alle bovengenoemde voordelen is het
nu ook weer mogelijk om op specifieke wensen
van de klant in te gaan, bijvoorbeeld het
aanbrengen van een naam of bedrijfslogo op
een product. We zijn weer bij de situatie beland
van speciale opdrachten, net zoals dat bestond
in de tijd van de ambachtelijke productie.
Dit betekent een belangrijke stap in de richting
van een vraaggestuurde markt. Alleen beperken
de opdrachten zich uitsluitend tot de decoraties
en niet tot de vormen.

**Technologie en overcapaciteit**

Het is duidelijk dat de premisse van procesinnovatie meerdere gevogen heeft gehad.
Allereerst is dat een 'democratisering' van de
producten: ze zijn toegankelijk geworden voor
grote delen van de bevolking. Daarnaast zijn
de productietechnieken en diverse ontwerp-
aspecten beperkter geworden door het verhoogd
inzetten van machines. De technologische
ontwikkelingen hebben de mogelijkheden van
de ontwerper zowel teruggebracht als uitgebreid. Maar alles overziend moeten we
concluderen dat ondanks de toegenomen
mogelijkheden tot seriële productie de fijnkeramische industrie fysiek sterk is ingekrom-
pen: met minder werknemers en kleinere
productieunits wordt eenzelfde of zelfs hogere
productie gehaald. Sinds jaren kampen
(fijn)keramische bedrijven met een overcapaciteit
in de productie terwijl de keramische markt
tegelijkertijd een recessie beleeft.

Tegelijkertijd is er een lage productinnovatie
te constateren. Dit komt niet alleen omdat
het ontwikkelen van een nieuw product veel
geld en tijd kost, zoals eerder is beschreven.
Bovendien leidt het resultaat niet vanzelf tot
een verhoogde omzet en winst. Weliswaar
neemt de variatie aan producten toe – de
consument wordt als het ware beter bediend –
maar dat vertaalt zich niet in een grotere omzet
als geheel. Hier ligt een belangrijk probleem
voor de keramiekproducent, want als hij om
kosten te besparen wel investeert in procesinnovatie maar minder in productinnovatie en
tevens niet investeert in het verkennen van
nieuwe markten, zal het resultaat marginaal
blijven. Dat betekent dat er uiteindelijk geen
winstgevende levenscyclus voor het nieuwe
product ontstaat. Om de winst toch te laten
stijgen is er veel gerationaliseerd: nog goedkoper, nog energiezuiniger en nog minder
medewerkers.

Behalve vanwege deze economische
redenen bleef productinnovatie vooral achter-
wege vanwege culturele factoren, de randvoor-
waarden die een belangrijke rol spelen: de
veranderende leefcultuur. De fijnkeramische
industrie heeft veel terrein verloren in onze
hedendaagse tafelcultuur. Andere materialen,
zoals glas, roestvrij staal en kunststof, hebben
de plaats van keramiek ingenomen. Zo is het
traditionele servies min of meer gereduceerd
tot borden en kop en schotels. De soepterrine
is vervangen door een blinkende roestvrij-
stalen kookpan, de koffiepot door de glazen
kan van het koffiezetapparaat of de thermos-
kan.

Daarbij komt dat in de op het individu
gerichte westerse cultuur ook de markt
verandert van aanbodgestuurd naar vraag-
gestuurd. De klant is koning geworden en
wenst producten 'op maat', zonder daarvoor
méér te willen betalen. Het veroveren van
nieuwe markten is dan ook het belangrijkste

such as Rosenthal, which took over its rival Hutschenreuther from another large corporation in 2000. Another tendency is the combination of products that are not obviously connected at first sight, again under the term 'lifestyle'. For instance, the fashion brand Esprit, in conjunction with SKV Porzellan-Union, has enlarged its product assortment to incorporate home textiles as well. A similar co-operation between Benetton and Rosenthal has resulted in the Benetton Home Collection.

Lifestyle and decadence go together. With the term 'decadent dinner service', we generally refer to dinner services that are conspicuous for their luxurious, exaggeratedly exuberant form language and especially for their extravagant decorations – in fact, for everything that is 'additional' without being functional. If this was the whole story about decadent design, we could easily conclude that the technology by means of which dinner services are created is value-free and has nothing to do with decadence itself. However, as the foregoing has indicated, the issue is more complex than that. After all, we do not readily experience a richly decorated dinner service that we can buy cheaply from one of the Blokker chain stores as being decadent. At most, we can mark it down as kitsch because its price and its finishing give us reason to think that it has been serially thus cheaply produced. Apparently, something more than merely an extravagant design is needed in order to call something decadent. We wish to perceive that the producers have manufactured the items with a great eye for detail. We experience something as being refined or even decadent only when we know that much time and money have been involved in the production process – time and money for something as useless as decoration, something accessible only to a privileged few.

Does technology have anything to do with decadence? Yes, if small-scale production generates objects that cannot be created more cheaply in any other way, while there is no goal of addressing a broad market.

This may well be the reason for the ever-recurring interest in so-called 'decadent' products. From time to time, and certainly when economic recession emphasizes the dividing line between rich and poor, people wish to display their exclusiveness, their individualism, their wealth, and their good taste in refined products. This is a blessing for the traditional ceramics industry and a blessing for high-quality product development which, when united, enable exclusive production.

doel voor producenten. Er is een grotere
inspanning nodig om zich staande te houden
als fijnkeramische producent. Hierdoor zien we
in de ons omringende landen een ontwikkeling
tot het samengaan van productgroepen die bij
elkaar horen. Zo ontstaan grotere structuren
die zich richten op de leefruimte om ons heen,
waaronder de tafel- en eetcultuur. Deze zogenoemde 'zachte' culturele factoren oefenen
een grote invloed uit op de productie van
keramiek. Bedrijven die traditioneel drinkglas,
bestek, serviezen of keukengerei produceren
gaan op in grote concerns die primair proberen
hun marktaandelen zeker te stellen. Waterford
Wedgwood bijvoorbeeld is grootaandeelhouder
bij een traditionele porseleinproducent als
Rosenthal, die in 2000 het concurrerende
bedrijf Hutschenreuther overnam van een
ander groot conglomeraat. Een andere tendens
is het verschijnsel dat producten die niet over-
duidelijk bij elkaar horen toch worden samen-
gevoegd onder de gemeenschappelijke noemer
'lifestyle'. Zo heeft het modemerk Esprit samen
met SKV Porzellan-Union hun assortiment
van producten verruimd, waarbij zich ook nog
'home textiles' voegder. Een soortgelijke
poging is ondernomen in de samenwerking
tussen Benetton en Rosenthal met de 'Benetton
Home-Colllection'.

Leefcultuur en decadentie horen bij elkaar.
Onder decadente serviezen verstaan we
meestal serviezen die opvallen door hun
luxueuze, overdreven weelderige vormentaal
en vooral door hun overdadige versiersels en
decors. Eigenlijk door alles wat 'toegevoegd'
en zonder gebruiksfunctie is. Maar als dat het
hele verhaal over decadente vormgeving zou
zijn dan zouden we gemakkelijk kunnen
concluderen dat de techniek waarmee die
serviezen gemaakt worden waardevrij is en
niets met decadentie zelf te maken heeft.

Zoals uit het voorgaande blijkt is deze materie
echter complexer. Immers, rijk gedecoreerde
serviezen die we goedkoop kunnen kopen bij
een winkel van de Blokker-keten zullen we niet
snel als decadent ervaren. Zij zijn hooguit te
bestempelen als kitsch omdat we door de prijs
en de afwerking vermoeden dat ze massaal en
goedkoop zijn geproduceerd. Blijkbaar hoort
bij decadentie nog iets anders dan alleen de
extravagante vormgeving. We willen aan de
producten zien dat ze met veel zorg voor het
detail zijn gemaakt. We ervaren iets pas als
verfijnd of zelfs decadent, als we weten dat
bij het productieproces veel tijd en veel geld
gemoeid was, geld en tijd om iets nutteloos
te maken als versiering die alleen voor een
enkeling bereikbaar is. Heeft techniek iets met
decadentie te maken? Ja, als de productie in
kleinschalige series hoogwaardige producten
oplevert die op geen andere manier goedkoper
geproduceerd kunnen worden, en ook niet
erop gemunt is een grote markt aan te spreken.

Wellicht valt daarmee de telkens opnieuw
oplevende belangstelling te verklaren voor
zogenaamde decadente producten. Van tijd tot
tijd, en zeker als economische recessie de
scheidslijn tussen rijk en arm weer aanscherpt,
willen mensen hun exclusiviteit, hun individualisme, hun rijkdom en hun goede smaak
voor verfijnde producten tonen. En dat is een
zegen voor de oude ambachtelijke keramische
industrie én een zegen voor hoogwaardige
productontwikkeling die, beide verenigd,
exclusieve productie mogelijk maken.

# Credits Colofon

concept and compilation **concept en samenstelling**

Ank Trumpie

authors **auteurs**

Garth Clark, Edo Dijksterhuis, Frans Haks,

Frans de Jonghe, Matthias Keller, Maarten van Rossem,

Louise Schouwenberg, Ank Trumpie

final editing **eindredactie**

Karin Gaillard

text editing **textredactie**

Karin Gaillard, Anne Nippel, Ank Trumpie

translation **vertaling**

George Hall (English **Engels**)

Liesbeth Machielsen (Dutch **Nederlands**)

photography **fotografie**

Erik & Petra Hesmerg, Sneek

graphic design **vormgeving**

Beukers Scholma, Haarlem

lithography and printing **lithografie en druk**

Lecturis, Eindhoven

© 2004 the authors **de auteurs** /

**Uitgeverij** 010 Publishers, Rotterdam

www.010publishers.nl

ISBN 90-6450-514-4

The book *Deliciously Decadent* was published to accompany the exhibition of the same name, running at the Princessehof Leeuwarden, the National Museum of Ceramics, from 21 March to 24 October 2004. Information: www.princessehof.nl
The exhibition and publication were only possible thanks to financial support from: the Mondriaan Foundation, SNS Bank Reaal Fund, Prince Bernhard Culture Fund, the Province of Friesland, the Municipality of Leeuwarden, the Association of Friends of the Princessehof.

De publicatie *Lekker Decadent* is verschenen ter gelegenheid van de gelijknamige tentoonstelling in het Princessehof Leeuwarden, Nationaal Keramiekmuseum, van 21 maart tot 24 oktober 2004. Informatie: www.princessehof.nl
Tentoonstelling en publicatie werden mogelijk gemaakt dankzij financiële bijdragen van: Mondriaan Stichting, SNS Reaal Fonds, Prins Bernhard Cultuurfonds, Provincie Friesland, Gemeente Leeuwarden, Vereniging van Vrienden van het Princessehof.

*Deliciously Decadent* was produced in conjunction with:
*Lekker Decadent* is gerealiseerd in samenwerking met:

Design Academy Eindhoven (co-ordinators coördinatie Gijs Bakker, Louise Schouwenberg)
Garth Clark, New York
Stichting Premsela, Amsterdam (symposium)
Walrecht Producties (Bernadine Walrecht) Amsterdam

production locations **productieplaatsen**
Akademie voor Kunst en Vormgeving, 's-Hertogenbosch
Atelier Norman Trapman, Nieuwveen
Cor Unum, 's-Hertogenbosch
Europees Keramisch Werkcentrum, 's-Hertogenbosch
Gerrit Rietveld Academie, Amsterdam
Koninklijke Tichelaar, Makkum
Struktuur '68, Den Haag
Textielmuseum, Tilburg

works on loan **bruiklenen**
Artes Magnus, New York
Ferrin Gallery, Lenox, Massachusetts
Galerie Binnen, Amsterdam
Garth Clark Gallery, New York
Groninger Museum, Groningen
Erik & Petra Hesmerg, Sneek
M-E-K, Amsterdam
Museum Boijmans Van Beuningen, Rotterdam
Museum voor Hedendaagse Kunst, 's-Hertogenbosch
Rosenthal, Selb
Terra Keramiek, Delft
Ninaber van Eyben bv, Den Haag

exhibition design and layout **vormgeving tentoonstelling**
Marcel Schmalgemeijer, Amsterdam
Studio Aandacht, Tatjana Quax en Ben Lambers, Wormerveer

exhibition music/sound effects **muziek/sound effects tentoonstelling**
Ries Straver, Amsterdam

website **website**
MATTMO concept/design, Amsterdam

front flyleaf **voorschutblad**
Plates with decoration by Bulgari (*Geometrica*), Versace (*Medusa, Barocco, Russian Dream, Medaillon, Méandre d'Or, Arcadia 2003, les Trésors de la Mer, Ikarus Medusa Rot/Rosa/Grün, Arabesque*), and Fornasetti (décor nos.*13, 21, 26, 29,* and *Palladiana*), porcelain with silk-screen prints and gold glazing, Ø 23.5-31 cm, in production at Rosenthal, Selb, Germany, imported by Ninaber van Eyben bv, The Hague
Borden met decors van Bulgari (*Geometrica*), Versace (*Medusa, Barocco, Russian Dream, Medaillon, Méandre d'Or, Arcadia 2003, les Trésors de la Mer, Ikarus Medusa Rot/Rosa/Grün, Arabesque*) en Fornasetti (decornrs. *13, 21, 26, 29* en *Palladiana*), porselein met zeefdruk en goudglazuur, Ø 23,5-31 cm, in productie bij Rosenthal, Selb, importeur Ninaber van Eyben bv, Den Haag

back flyleaf **achterschutblad**
Plate with decoration by Fornasetti (*Temi e variazioni no. 24*) and underplate with decoration by Versace (*Barocco*), porcelain with silk-screen print and gold glazing, Ø 23.5 cm and 31 cm, in production at Rosenthal, Selb, Germany, imported by Ninaber van Eyben bv, The Hague
Bord met decor van Fornasetti (*Temi e variazioni nr. 24*) en onderbord met decor van Versace (*Barocco*), porselein met zeefdruk en goudglazuur, Ø 23, 5 cm en 31 cm, in productie bij Rosenthal, Selb, importeur Ninaber van Eyben bv, Den Haag

Mondriaan Stichting
(Mondriaan Foundation)

Prins Bernhard
Cultuurfonds

provinsje fryslân
provincie fryslân

Leeuwarden

Vereniging
VAN
Vrienden
VAN HET
Princessehof

**SNS Reaal Fonds**